杨帆◎著

实验室的魔法手册

Experiment Book of Chemillusionist

人民邮电出版社

北 京

图书在版编目（ＣＩＰ）数据

实验室的魔法手册 / 杨帆著. -- 北京 ：人民邮电
出版社，2019.5
ISBN 978-7-115-50544-6

Ⅰ．①实… Ⅱ．①杨… Ⅲ．①化学实验－普及读物
Ⅳ．①06-3

中国版本图书馆CIP数据核字(2019)第037774号

◆ 著　　　　杨　帆

责任编辑　刘　朋　韦　毅

责任印制　陈　犇

◆ 人民邮电出版社出版发行　　北京市丰台区成寿寺路 11 号

邮编　100164　电子邮件　315@ptpress.com.cn

网址　https://www.ptpress.com.cn

涿州市般润文化传播有限公司印刷

◆ 开本：889×1194　1/24　　　　插页：1

印张：9.84　　　　　　　　　2019 年 5 月第 1 版

字数：317 千字　　　　　　　2024 年 12 月河北第 11 次印刷

定价：79.80 元

读者服务热线：(010)81055410　印装质量热线：(010)81055316
反盗版热线：(010)81055315
广告经营许可证：京东市监广登字 20170147 号

实验室的魔法日常

真·凤舞九天

Daily Experiment of Chemillusionist

扫描以下二维码，即可观看本书中实验所对应的
《实验室的魔法日常》系列视频。

彩虹溶液

铜与钴的结晶水
晴雨花

多彩的钒

天然指示剂

铁离子的变色实验

钴的色彩

镍与氨

溶液中的蓝与金

干冰与指示剂

书写密信

气致沉淀

日落实验

鲁米诺的血之荧光

幽蓝的硬币

双草酸酯的彩色荧光

单线态氧的红光

氯化银显影

用光作画

光与噻嗪染料

氢气与氯气
氯气和苯

金属火花
燃烧的钢丝绒

燃烧的硫	在二氧化碳中燃烧的镁 干冰灯	磷太阳	狗吠实验	瓶中的焰浪
火龙写字	铝热反应	硫与锌	燃烧的糖	彩色的火
燃烧的小熊软糖 跳动的煤球	硅烷	快速生锈	自燃铁粉	吹气生火 自燃的钢丝绒（相似）
爆燃的火焰 延迟点火	"水"下闪光	溴巫师	烟花的水下燃烧	用冰点火
"可燃冰"	水果电池	铝-空气电池	电解水 氢氧爆炸	银的分形

前 言

可能你以前就知道我，也可能这是你头一次听说我，我先来做一个简单的自我介绍好了。我的网名是真·凤舞九天，当年作为一个化学、软件和画画都还挺不错的省重点高中的学生，我出乎全校人意料地在一本线以上的成绩下走了艺术生路线，考取北京电影学院并顺利毕业。我高考的时候化学拿到了满分，还当过两年百度贴吧化学吧的吧主。你问我为什么不选择化学？我觉得，如果我选择了化学专业，你就会问我相反的问题吧，毕竟我现在做得最多的还是视频内容哦！

高考结束那年，我创作了一段名叫《疯狂化学》的视频，作为我上大学之前"告别"化学学习的一个纪念发到了网上。结果视频出乎意料地火了，大家纷纷表示希望看到这个视频的续作。于是在接下来的两年内我又连续制作了《疯狂化学1.5》和《疯狂化学2：元素奇迹》两个片子，作品大受好评，后者更是一上线就在短短几小时内爬到了哔哩哔哩弹幕视频网（以下简称"B站"）的首页，拿下了全站播放日排行第17名的惊人成绩。接着，我便在人民邮电出版社出版了《疯狂化学》视频的同名图书。而除此以外，对于自己还想做什么，我开始考虑这么一个问题：

"有什么是我在中学阶段想要却没有的东西？"

"疯狂化学"系列歪打正着地把我引到了科普的道路上，想来想去，我的想法就又回到了自己喜欢的化学上。有多喜欢？大学四年学的东西和化学一点儿关系也没有，我却到现在都还清清楚楚地记着全部的定理和公式。在初高中阶段刚接触化学的时候，我就对它产生了浓厚的兴趣。化学是基于实验的学科，所以我总是渴望能做一些趣味化学小实验。除了在图书馆中能找到的书之外，想了解这样的内容也只有上网搜索了。然而我们能搜索到的实验数量寥寥无几，大多就是复制粘贴骗点击量的那种东西。更可怕的是，上传者并没有做过这些实验，甚至很可能看都看不懂，其中还包含一些极其危险并伴有巨大安全隐患的实验，对于初学者来说很可能造成致命后果。是真的"致命"！出了问题会直接造成重大伤亡的那种致命！

所以综合考虑，我打算做一些目的直指趣味实验的东西。

这几年为了做"疯狂化学"系列，我收集了大量的趣味实验。从网络上的到文献中的，从近几年的到近几十年的，从中文的到英文的，我觉得基本上已经找到了这个世界上所记录的大部分趣味化学实验。（截至该想法产生时，我所收集的趣味实验总数是221个，这个数字是由我所保存的电子表格告诉我的，而不是我瞎猜的哦！）然而每次我在做"疯狂化学"系列的新视频时，都会为视频选入最棒最惊人的内容，这就导致大量的趣味实验没能展现出来。这些实验就这样放弃了吗？当然不能！既然不能做发现者，那么我就来做传承者。干脆来把这些趣味实验都做一遍，然后新成立一个系列，不是也挺好吗？

想到就干，恰逢中国科学技术协会成立了科普中国项目，其中一部分内容的建设工作由新华网承接。我便在《疯狂化学》图书责任编辑的介绍下联系上了新华网这个项目的负责人，按部就班地开始制作了，这个系列便是"实验室的魔法日常"。从 2016 年 7 月 9 日起，每周我都会和新华网方面同步放两集视频上去，我负责发 B 站，而新华网则负责他们的渠道，如"科学原理一点通"微信公众号、微博以及腾讯视频等。截至本书出版，这个系列已经播出了 120 集，大家完全可以通过上面提到的渠道搜索哦！

对于"实验室的魔法日常"系列来说，我对它的定位非常明确：

1. 有这么一个化学趣味实验；

2. 这个实验是怎么操作的；

3. 这个实验会产生怎样的效果。

这个系列的核心主线从未改变，而更为关键的是，所有的实验都是由我亲自动手，一步步地做出来的！所以，我在获得了较强的实验动手能力以外，还完全了解了每个实验的特点及注意事项。这一点比起那些只会复制粘贴的家伙可高到不知道哪里去了。

在"实验室的魔法日常"系列播出的过程中，一个很不意外的问题出现了，那就是这个系列视频的观众的知识水平参差不齐，而这个问题直接作用在了解说词的确定上。再加上视频正片的时间长度限制，很多实验知识讲得并不是很"通透"。而解决这个问题的最佳手段，就是撰写你现在拿在手上的这本书。

《疯狂化学》一书的定位是启蒙与欣赏，它里面有很多我和同学拍摄并精选的化学反应照片，适合为刚接触化学或者尚未接触过化学的人展现化学之美，提高他们对化学的兴趣，同时也适合化学发烧友收藏。而对于这本《实验室的魔法手册》，我在写作时关注的重点完全不同，我想让所有年龄段的读者都可以通过它学到或多或少的知识。

目的有了，但是该怎么写呢？把它写成一本实验报告汇编吗？这样的话就太枯燥了。如果用类似于《疯狂化学》的手法来写呢？又有点儿本末倒置了。所以，我最后干脆抛弃了之前想到的全部点子，转而采用了一种独特的方法，试图创造一个可以供你探索的开放世界。在这样的想法之下，我在这本书的内容创作上全情投入，将自己毕生所学倾力托出。在写作过程中，我自己也通过查找资料与思考学到了很多新的东西。除了写作与拍摄，这本书的排版也是由我来完成的。所以我就想，既然要把这本书做成开放性的，那么为什么不把排版也作为这本书的一个维度，来撑起这片天地呢？

作为一本以实验为主的书，这本书中包含的所有实验都可以作为单独的实验内容来看，这是第一个维度。不同于其他的文献类著作，这本书除了精美的实验照片以外，还有相关的文字来串起所有的实验，这是第二个维度。对于一些平行于正文或者相对难以理解的知识，我通过小文本框的形式将其安排在合适的位置，这是第三个维度。而专门针对初学者的每个实验的相关建议与警告，也都在醒目的位置有所标注，这是第四个维度。通过排版整合，这四个维度既相互独立又相得益彰，把一本平面的图书变成了一座立体的宫殿。当你打开这本书的时候，是不是觉得有些地方读不懂？没关系，就算直接跳过去，你所能学到的内容也是系统的。在这样的设计下，这本书可以作为你学习化学的长期课外读物，因为每当你的化学学习有了进展而再打开这本书的时候，都可以得到新的知识，产生新的想法。正如本书序章中的那句话，这本书就是一座迷宫，你可以直接走出去，也可以随着能力的提升不断探索这座迷宫中新的区域。

当然，下面是惯常的感谢话语。每一本书的出版都离不开各个方面的帮助，这本书也是一样。首先，感谢我的父母和家人能够理解我所做的事，并给予了大力的鼓励和支持，还有各个方面的帮助。其次，感谢协助我拍摄了本书部分图片的摄影师，也就是我的发小韩超。大家在这本书里看到的很多图片都是我一个人无法拍摄的，而这个得力的帮手就是他。接下来，感谢这本书的策划编辑韦毅，她也是我上一本书的责任编辑以及新华网相关项目的引荐人，可以说"实验室的魔法日常"系列的诞生离不开她的帮助。最后，感谢中国科学技术协会的科普中国项目以及新华网的相关项目的支持，特别感谢在新华网负责项目统筹工作的刘佳老师对这个项目的大力支持与帮助，谢谢你们！

中国的科普工作目前仍然处于发展阶段，而我很荣幸地成为了科普队伍中的一员，用我所了解的内容来传播更多的科学知识。这条路不是很好走，但如果我的作品真的能够帮助大家的话，我所做的就是有意义的。未来，我还会创作更多科普作品，希望大家能够继续支持我、关注我，在接下来的道路上一起努力、一路同行。

目录

序 章

光 亮

和发光有关的物质

有发光现象的实验

色 彩

这是一个多彩的世界

色彩与化学

序章

　　最有"化学感"的东西莫过于这些实验中所用到的瓶瓶罐罐了，这便是本章章首页图片的主题。如果这本书讲述的是一个长长的、名为"化学"的故事，那么这里无疑就是这个故事的开始。

你需要知道的基础知识

嗨，大家好！欢迎来到这个充满趣味化学实验的世界。因为本书主打的是实验，所以这本书的受众定位略高于初学者，也就是说在尝试这本书中所介绍的实验之前，你应该已经具备了一定的化学知识。如果你对化学还没有一个初步的了解，则可以看一看我为初学者所写的《疯狂化学》（已由人民邮电出版社出版），它将为你开启化学世界的第一道大门。

当然话说回来，知识还是可以补充的嘛，所以我打算在这本书最开始的序章里，给大家介绍一些最基本的化学知识。需要强调一点，一般学校开了化学课之后会用整整一本书讲述这些内容，而我把它们放在了几段之内进行简单说明。这本书毕竟不是教材，但这样的压缩也导致本章成了本书中知识密度最高的一章。所以，这里所提到的知识会以我的方式，最快、最适合初学者的方式去讲。如果你对化学已经有了一定的了解，大可扫一眼或干脆跳过本章；而对于初学者，请准备好经历一次化学知识的洗礼吧！

本书主要介绍的是趣味化学实验，首先我

们自然要知道"化学"是什么。**化学是一门研究物质的组成、性质、结构与变化的学科**，它与我们的生活息息相关。化学是我们用以了解这个世界如何运转的途径之一，它的发展可以直接为我们的生活提供便利。具体一点，化学研究是如何进行的呢？我们来明确一下化学的研究范畴，区别一下纯净物和混合物。从初学者的角度来说，一般都听说过一个词——纯度。从这个角度来讲，如果一种物质的纯度达到 100%，我们就说它是纯净物；而达不到且同时含有好多杂质的物质就是混合物。当然，有些物质本身就是混合物，这些我们先不考虑。**我们在进行化学研究的时候所考虑的都是纯净物之间的反应**，要是将一大堆乱七八糟的东西混在一起，怎么可能好好研究呢？

接着，我们来说说化学研究的主要对象。木炭能点燃，水可以喝，盐是咸的，药可以治病，这都是物质固有的性质。以木炭来说，大块的木炭可燃，小块的依旧可燃，那么如果我们将木炭越分越小，直到它能够保持可燃性的最小状态呢？这便是保持物质化学性质的最小粒子，我们称之为**分子**。将木炭点燃，会生成二氧化碳气体。二氧化碳分子是一种新的分子，它的性质和构成木炭的分子截然不同。这种变化就是**化学变化**，而在这个过程中，分子很明显地出现了解体和重排。我们假定分子还有更小的组成结构：**原子**。正是构成原来分子的原子经过重新组合，产生了新的分子。这个过程就是**化学反应**。而参与这个过程的**分子与原子就是化学的主要研究对象**。

在现代化学中，原子是由原子核和围绕原子核高速运动的电子构成的。在初学阶段，你可以先把它们想象成太阳系中太阳和行星的关系。继续细分的话，原子核又可以被分为质子和中子。**不管中子和电子的数量如何，由于质子数相同的原子的性质是相同的，我们把质子数相同的粒子称为同种元素。**

最后，我们来区分一下单质和化合物。如果一种纯净物的分子只由一种原子构成，它就是**单质**；如果一种纯净物的分子由两种或两种以上的原子构成，它就是**化合物**。

以上便是你要读懂这本书所需的最基础的化学知识：知道化学是什么，了解纯净物与混合物，原子、分子、元素以及单质与化合物的概念。如果你能轻松地掌握这些内容，那么欢迎你进入下面的环节。如果这些内容对你来说比较吃力的话，那么没关系，接受正规教材的完整启蒙教育之后，下面的内容也会给你带来意想不到的惊喜。

实验之前

　　既然这本书最主要的内容是各种趣味化学实验，那么接下来我们就来说说实验。这里提到的一些概念在后面大家尝试做实验的时候都会遇到，所以仔细阅读下面的内容吧。

　　首先，来区别一下定性实验与定量实验。我们进行实验是有目的的，定性实验的目的是确定物质的性质。比如石蕊遇到碱就会变蓝，这个过程没有确定的量，只要将二者放在一起就会发生变色，因为二者的性质如此。而定量实验的目的则是确定相关的数值，比如用已知浓度的溶液与未知浓度的另一种溶液反应，通过消耗的已知浓度的溶液的量来确定另一种溶液的浓度。**本书中的实验大多数都为定性实验，因此很多实验并没有严格的浓度要求。**既然几种反应物相遇就有效果，那么只要危险系数较小，同时几种反应物的量相差得不是特别大，实验用量这个问题也就没必要弄得那么精确了。

　　顺便一提，**如无特殊要求，本书中所用到的水都必须是蒸馏水**，自来水是不行的哦。举几个例子，你用自来水配置硝酸银溶液时会出现白色浑浊，配置硫酸亚铁溶液时会出现黄色浑浊，这种事情足以导致你的实验失败。做实验时用自来水的人通常是为了省事或者省钱，但是蒸馏水和化学试剂哪个贵，你自己的心里还没点数吗？

　　接下来说一说进行实验的场所……

严禁在家中做化学实验

警告

化学充满了魅力，正如这本书书名中的"魔法"二字一样，每一个实验都会像魔法一样给人带来惊喜。但事物具有两面性，在没有专业人员指导和专业设备防护时，如果出现事故的话，将可能是致命的。所以，就算我鼓励大家自己尝试去做化学实验，也绝对不能在家中进行。此外，你可以说对于要做的实验你已经查过相应资料，完全了解实验的细节。但是别忘了，事故之所以是事故，是因为它完全是意外发生的，你能确保事故发生时你依然具备相应的知识吗？所以，**到你学校的实验室中做这些实验吧**。有的学校的实验室不对学生开放，这可能是由一些特殊的事情导致的，我已经在本书所附的《致家长的一封信》中请你的家长去进行协商了。如果协商未果，那么希望你更加努力地进行相关的学习，考到一所有条件的学校后再来尝试做这些实验。总之，千万别在家中尝试，毕竟这种情况导致的事故案例已经够多了……

同样要在这里提到的是，做实验时请**端正态度，不要抱着玩与炫耀的心态去做化学实验**！你的异性朋友不一定喜欢化学实验，与其做实验还不如共进一顿浪漫的晚餐。同样，很多人喜欢想办法买一些剧毒品来收藏，或者查一些刑法所禁止的东西的制备方法去获得同学或者网络上的关注度，但这样除了让你早早地上当地警方的监控名单之外还有什么好处吗？然后更为常见一些的就是胡乱混合试剂，比如把实验做完之后的所有溶液倒在一起观察现象，等等。这么干的请回到本文一开始，看看化学研究的主要对象是混合物还是纯净物。抛开这点不谈，你不知道里面会发生什么反应，会不会有毒，会不会发生爆炸，以及之后该怎么处理。所以，这是一件非常危险的事。某知名院校的一位博士就曾经因为类似的情况失去了生命，只不过不同于单纯地混合试剂，他的悲剧源于正常操作下的一个小失误。

接下来，我们来说一说化学方程式。化学方程式是我们用于记录化学反应、描述反应过程的手段。通常来说，对于每个实验都能写出至少一个描述反应过程的化学方程式，比如：

$$NaOH + HCl \Longrightarrow NaCl + H_2O$$

这个方程式描述了氢氧化钠与盐酸反应的过程，读作"氢氧化钠和氯化氢反应生成氯化钠和水"。等号左边的二者被称为反应物，等号右边的二者被称为生成物，这便是方程式最基本的写法。有的反应需要在一定的条件下才能发生，比如：

$$2H_2 + O_2 \xrightarrow{\text{点燃}} 2H_2O$$

这时，我们会把条件写在等号的上面或下面。此外，在化学方程式中除了等号之外，有些反应在相同条件下是可逆的，被称为可逆反应。这个时候用可逆号，比如：

$$3H_2 + N_2 \underset{\text{催化剂}}{\overset{\text{高温、高压}}{\Longleftrightarrow}} 2NH_3$$

而如果在一个实验中，同样的反应物会有不同的反应方式，那么我们在写其中的一个方程式的时候会使用箭头，比如：

$$CH_4 + 4Cl_2 \xrightarrow{\text{光照}} CCl_4 + 4HCl$$

在研究过程中，化学方程式不仅能够记录反应本身，也会标明一定的数量关系，所有化学实验的相关数值都可以通过与实验相关的化学方程式进行计算。因此，这里我们来说一下实验中的一些相关计算。在部分实验中，我们会涉及对于中学阶段的很多学生来说一个非常难的部分——物质的量。让我来解读一下，帮你摆脱这个像噩梦一般的存在。深呼吸，我们开始。

分子非常非常小，仅一滴水中就有多达约 1.67×10^{21} 个水分子，但其总质量只有约 0.05g。显然，这非常不方便计算。对此我们采用的方式是用一个比值把它成倍放大。我们把一个碳-12原子质量的 1/12 定义为标准值，然后将其他的原子的质量和这个数值进行比较，得出一个相对于这一数值的量，而这个数值就被称为原子的**相对原子质量**。同理，将组成分子的原子所对应的相对原子质量按照实际个数加起来，就是分子的**相对分子质量**。这两者分别简称"原子量"和"分子量"，而这就是我们通过方程式进行计算时所需的重要手段。

然而在真正进行计算的时候，我们会发现，这种通过原子量或分子量进行的计算还是有些麻烦，因此"物质的量"应运而生。正如我们把两个（同种物体）叫作"一双"、12个（同种物体）叫作"一打"一样，有专门一个用来计量微粒数量的单位，称为摩尔，简称摩。**大约 6.02×10^{23} 个同种微粒便是"一摩尔（1mol）"。**摩尔仅可用于计量微粒数量，同时基于摩尔的单位定义，当使用 g/mol 为单位时，1mol 任何物质所含的微粒质量总和在数值上等同于该物质的原子量或分子量，称之为对应物质的摩尔质量。举个例子，配制 0.1mol/L 的盐酸溶液，就说明每升这种溶液中要含有 3.65g 氯化氢，因为氯化氢的摩尔质量是 36.5g/mol，那么 0.1mol/L 就相当于 (0.1×36.5)g/L；同理，如果配制 1mol/L 的氢氧化钠溶液的话，就说明每升这种溶液要溶解 40g 氢氧化钠，因为氢氧化钠的摩尔质量为 40g/mol，所以 1mol/L 就相当于 (1×40)g/L。

对于各物质的摩尔质量的数值等同于其原子量或分子量的详细证明过程，在此不再赘述，有兴趣的读者可以自行学习，毕竟一般中学生把这个概念当作噩梦就是从这里开始的啊……

本书是一座迷宫，这座迷宫在建设之初就被设计成可以让任何水平的人通关的模样。随着你在不同阶段学习到不同的知识，获得不同的"能力"，你将会在这座迷宫中找到更多的"宝藏"。所以，在你学习化学的过程中，不断地翻开这本书吧，它将会一直是你学习化学的最好搭档。

常见实验器材

一般在正规的实验报告及文献中，每个实验所用到的器材都是规定好的。但在本书中，考虑到所有实验都是建立在兴趣的基础上的，一些实验室也可能会遇到器材不全的情况，因此正文部分的大多数实验均没有规定固定的器材，仅部分实验提到了特殊用品。在此，我们介绍部分定性实验的常规实验器材，供大家在后面的实验中根据具体情况自行进行选择。

实验所用的器材会根据不同的用途进行分类，首先介绍的是反应容器。

烧杯

烧杯是最为常见的反应容器之一，规格繁多，适合要用大量物质进行反应的情况。

试管

试管是常见的反应容器之一，适合少量物质进行反应的情况。最常见的规格为 18×200 和 20×200（单位：mm），也有直径为 30mm 与 32mm 的较大的试管，这种试管又被称为硝化管。

锥形瓶

锥形瓶适合大量物质进行反应的情况，相对于烧杯，它具有较小的开口及收缩的瓶身，这种形状更加便于我们摇晃里面的物质。

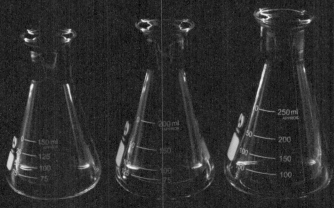

三角烧杯

三角烧杯又叫收口烧杯或三角烧瓶，是一种非常规容器。这种容器介于烧杯与锥形瓶之间，同时具有大开口及便于摇晃的特点。

培养皿

培养皿分为盖和底两部分，在生物学相关实验中用于培养微生物和组织。严格来说，它不算反应容器，但是由于这种形状便于观察现象，它在本书的一些实验中也充当了反应容器。

烧瓶

烧瓶分为右侧的圆底烧瓶和左侧的平底烧瓶两种，区别就在于其名称字面意思上的圆底和平底。圆形容器都具有有效分散压力或热量的特性，相对来说，圆底烧瓶较适合通过石棉网或电热套加热、煮沸液体，因此多用于有机合成实验，而平底烧瓶更容易放置在桌面上，通常不用于加热液体。

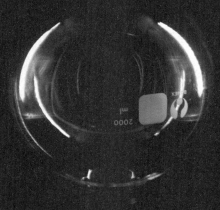

点滴板

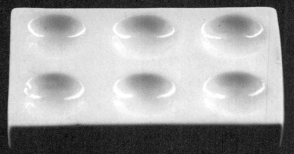

瓷质或玻璃质，有黑白两色，用于反应物的量极少的实验，便于我们较为清晰地观察到反应中的变色现象与沉淀的生成。

蒸发皿

蒸发皿为瓷质容器，用于蒸发液体，可以直接用火加热，但火焰温度不能太高，因为巨大的温差可能造成容器炸裂。

坩埚

坩埚用于灼烧物质，带盖，有多种材质可供选择，常见的有瓷质和铁质的，根据不同用途还有镍质、石英质和铂质的。

燃烧匙

燃烧匙多为铜质的，用于可燃性固体的燃烧实验。

化学实验都比较精确，因此一些用于称量试剂的器材也是必不可少的。

量筒

量筒是最常用的液体体积测量用具，有不同规格可供选择，对应的误差范围也会有所变化。

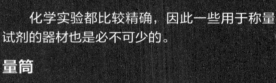

量杯

量杯是一种液体体积测量用具，其下小上大的形状特征导致刻度不均匀，因此较量筒而言，量杯的准确度很低，现在已经用得不多了。

砝码

　　砝码是称量时所使用的标准质量量具，使用耐腐蚀金属制成。砝码在使用的时候需要使用专用的镊子夹取，不能用手直接接触，因为手上的油脂与汗液会对砝码造成腐蚀，从而导致其质量产生差异。

托盘天平

　　托盘天平又称架盘天平，是最常见的称量用具之一，一般用于固体试剂的称量。右图所示的托盘天平的精度为0.1g。使用时，将被称量物质放于左盘，砝码放于右盘，通过调节游码使两边平衡，从而获得测量结果。

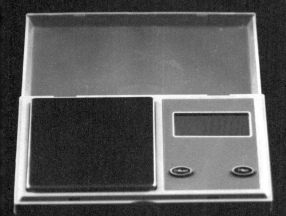

电子秤

　　电子秤具有较快的速度和较高的精度，因此在很多实验室中，这些电子秤正在逐步取代传统称量器具。左图中的小型电子秤俗称"珠宝秤"，它携带方便，并且具有0~200g的量程和0.01g的精度，足够满足众多简单化学实验的要求。

最后来说一说辅助工具。这一系列工具都是帮助实验完成的器具，在特定的情况下发挥其必要的作用。它们可以在实验过程中用于支撑、加热、搅拌、研磨等，可以辅助操作，也可以提供一些必要的反应条件。

酒精灯

酒精灯是一种以无水乙醇为燃料的加热装置，是一般实验室中最常见的加热工具，其火焰温度可达到 400~600℃，足以满足一般实验中的加热需求。

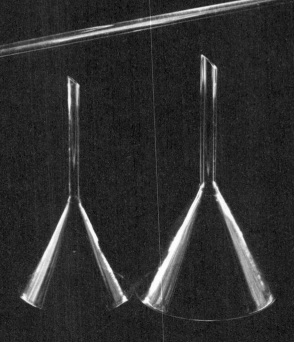

滴管（胶头滴管）

滴管用于少量液体的滴加操作，分为长、短两种规格。

玻璃棒

玻璃棒用于液体的搅拌、引流以及固体的混合等操作。

漏斗

同日常生活中的漏斗一样，可以用于液体的倾倒，常见的过滤操作也会用到漏斗。另外，考虑到其开口较大，因此在一些实验中也会用于有害尾气的吸收。

研钵

研钵用于将块状固体研碎。

表面皿

表面皿是具有弧形底部的圆形玻璃器具，一般用于盛放固体试剂，以及作为临时烧杯盖防止灰尘进入。

药匙

药匙用于固体试剂的取用，常见的有塑料和不锈钢材质的，分为大、中、小 3 个型号。

镊子

镊子可以用于取用块状固体试剂，其细长的形状也可以用于进行一些实验中的特殊操作。

温度计

温度计用于测量温度，常见的有红水（即煤油）和水银的两种，二者具有不同的量程。

坩埚钳

坩埚钳有不同大小，主要用来夹持坩埚，在处理一些灼热物品时也非常有用。

止沸珠

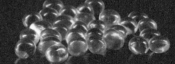

这是一种特制的小玻璃球，可以有效防止加热时液体沸腾冒出试管的情况。

铁架台

铁架台是实验中的常用支撑物之一，由很重的铁质基座和一根竖直的铁杆组成，根据特定情况与右侧所示的几种零件组合使用。

十字夹

十字夹用于在铁架台上以垂直于铁杆的角度固定其他物件。

铁夹

铁夹固定在铁架台上，用于夹持其他器具，如试管、烧瓶等。

铁圈

铁圈固定在铁架台上，用于承载其他器具（如烧杯、烧瓶、锥形瓶等），也可以垫上石棉网进行加热。

三脚架

三脚架是实验中的常用支撑物之一，可以看作仅有一个铁圈的小型铁架台。在一些简单的实验中，这个小家伙可是相当有用的哦！

试管夹

　　试管夹通常为木质，用于夹持试管。在加热试管或试管内进行的反应放热时，直接手持试管可能造成危险，这时就要用到试管夹了。

石棉网

　　石棉可以分散热量，因此在加热烧杯等较大容器的时候，石棉网可以有效防止受热不均导致的炸裂。

泥三角

　　小坩埚的直径远远小于铁圈或三脚架，因此我们用泥三角进行辅助以确保用到小坩埚的实验能够顺利进行。

广口瓶、细口瓶与滴瓶

　　这 3 类玻璃容器用于盛放不同的试剂，有无色与棕色（俗称白色与茶色）两种颜色和多种规格。其中，广口瓶的开口较大，易于取用，通常用于盛放粉末或块状固体试剂；细口瓶的瓶口较小，可延缓物质挥发，通常用于盛放液体。滴瓶相当于一个带滴管的细口瓶，因此多用于盛放经常用到滴管的液体，比如指示剂。此外，相对于无色瓶，棕色玻璃瓶可以起到避光的作用，可用于盛放易挥发试剂及其相关溶液。

比色管

　　顾名思义，比色管是用来比较溶液颜色的特殊器皿。使用时，通过肉眼对溶液与标准颜色卡进行对比，判断差异。比色管有着特定的规格，因此在相同规格的比色管中相同浓度的有色溶液会具有相同的颜色。

塑料洗瓶

　　塑料洗瓶中通常装有蒸馏水，可通过挤压瓶身让蒸馏水从顶部的尖嘴喷出。塑料洗瓶一般用于实验前洗濯器皿，也可作为蒸馏水的储存容器。

分液漏斗

　　分液漏斗是具有盖子和控制阀门（活塞）的特殊漏斗，有球形（见右图）、梨形和筒形等常见规格，用于萃取后的分液操作。此外，根据其构造，该装置也可以用于在反应中操纵液体的滴落量，从而起到控制反应速率的作用。

胶塞

　　胶塞的规格众多，用于密封各种容器，需要时可用专用工具打孔。

容量瓶

　　容量瓶用于精确配置特定浓度的溶液，有着非常严格的使用规范，是定量分析过程中必备的重要器皿。

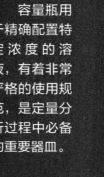

冷凝管

　　冷凝管分为直形、球形和蛇形 3 种，分内外两层，外层循环冷凝水，内层可将蒸气迅速冷凝成液体。

索氏提取器

　　索氏提取器又称脂肪提取器，简称索提，是有机化学实验中的重要装置之一，常与电热套搭配使用。右图所示为整个索氏提取器的 3 个部分，左起依次为提取瓶、提取管和冷凝管，而左图为索氏提取器 3 个部分组合好的样子。索氏提取器一般用于有机实验中的回流提取，将滤纸与待提取样品装入提取管，将目标提取物所对应的溶剂装入提取瓶，确保气密性良好之后为冷凝管接通冷凝水，并对提取瓶进行持续加热，这时的溶剂就会经过蒸发—冷凝—浸出—虹吸回流的过程，对样品中的目标提取物进行反复提取。

23

色彩

颜料不只是画家的专利，自人类伊始，我们从自然界中找寻艳丽颜色的脚步就没有停止过。而几千年后，谁能想到本章章首页图中的这些矿物颜料的颜色也会和它们的化学组成息息相关呢？

这是一个多彩的世界

　　每天，我们都会看到大量的颜色。在这个过程中，光照在物体上，经由物体传递给我们的眼睛，然后大脑就可以知道这是一幅怎样的景象了。因此，光是色彩的源头，而色彩是基于光的客观存在。我们之所以看到不同颜色的东西，是因为我们的眼睛接收了这些东西反射出的不同颜色的光。

可见光下的世界

　　在开始谈论这个话题之前，我们先来说说可见光是什么。光的本质是电磁波，而波长为390~760nm 的电磁波可以引起我们的视觉成像，因此这部分电磁波被称为可见光。以不透明物体为例，当一束光照在物体表面的时候，物体会吸收其他颜色的光，只反射某种特定颜色的光。这样，我们便看到了这个物体的颜色。比如太阳光照在一个蓝色物体上，那么这个物体就会吸收除蓝光以外的所有光，只将蓝光反射出来，因此我们看到的这个物体就是蓝色的。再比如，一束红光照在一个绿色物体上，你会看到这个物体是黑色的，因为并没有绿光让它反射。这也就不难想象，物体呈现白色是因为反射了所有颜色的光，而物体呈现黑色则是因为吸收了所有颜色的光。这便是世界上不同物体的色彩来源。

　　然而这个答案并不完整，它的确解释了一个东西为什么会有颜色，却不能解释光源的颜色。如果一个光源本身就发出了带有颜色的光，那么这又该如何解释呢？这个问题的答案要从物质的微观层面上找寻。

反射与透射

　　光在和物体接触后会出现两种情况：如果光在物体表面发生了反弹，那么我们称之为反射；如果光穿过了物体，那么我们称之为透射。就是这两种不同的传播方式决定了物体是透明的还是不透明的。而对于颜色，这里的解释和正文中是一样的。

　　另外，相对于透射来说，大家更熟悉的一个词是折射。折射考虑的是光从一种介质射入另一种介质时发生偏折的过程，而透射考虑的则是光穿过物体的过程。顺带一提，对于透射有一个比较有趣的小实验：如果你用强光手电筒照射你的手指，你就会看到光透过你的指头将它整个都照亮了——但是看不见骨头！这便是透射干的好事。光在你的皮肤下面发生了漫透射，从而绕过了中间不透明的骨头，使得这里的骨头好像隐身一样。

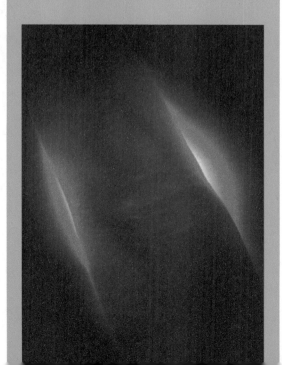

实 验
彩虹溶液

　　本实验的目的是用可以使用的试剂尽可能多地配出不同颜色的溶液，因此并没有一个标准的做法，本文中所提供的方案仅供参考。在这个实验中，你可以通过试剂本身的颜色以及存在变色过程的化学反应等手段来达到目的，因此本实验可以说是对你已经掌握的化学知识的一次总结及活用。

【试剂】
　　氯化钴、柠檬酸铁铵、重铬酸钾、铬酸钾、三氯化铁、氯化镍、硫酸铜、高锰酸钾、氯化钠、硫氰化钾、乙二胺。

【步骤】
　　1. 将氯化钴、柠檬酸铁铵、重铬酸钾、三氯化铁、铬酸钾、氯化镍、硫酸铜、高锰酸钾分别配成溶液，然后将其倒入不同的容器中。
　　2. 用三氯化铁和硫氰化钾反应生成红色溶液（颜色较深，视情况对其进行稀释），用氯化钠和硫酸铜反应生成黄绿色溶液，用硫酸铜和乙二胺反应生成蓝紫色溶液，然后将它们倒入不同的容器中。

柠檬酸铁铵

硫氰根合铁离子

氯化钴

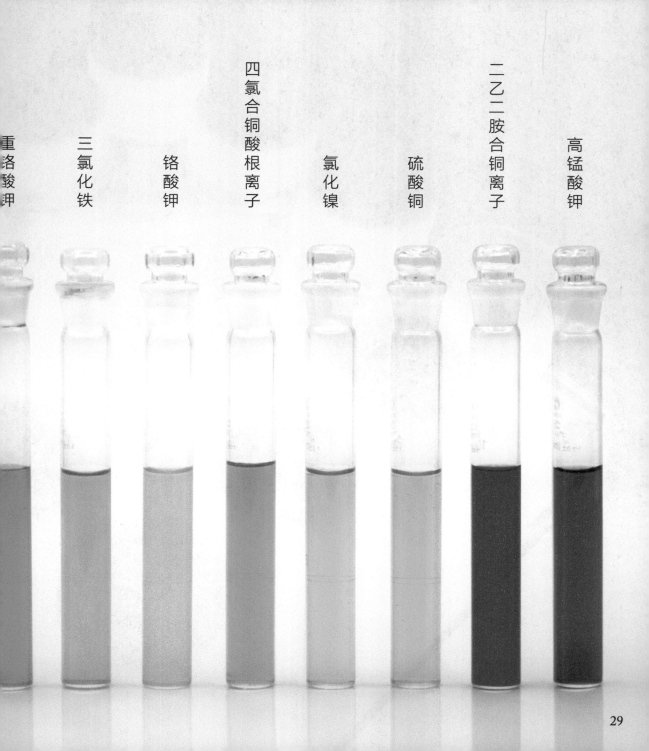

重铬酸钾

三氯化铁

铬酸钾

四氯合铜酸根离子

氯化镍

硫酸铜

二乙二胺合铜离子

高锰酸钾

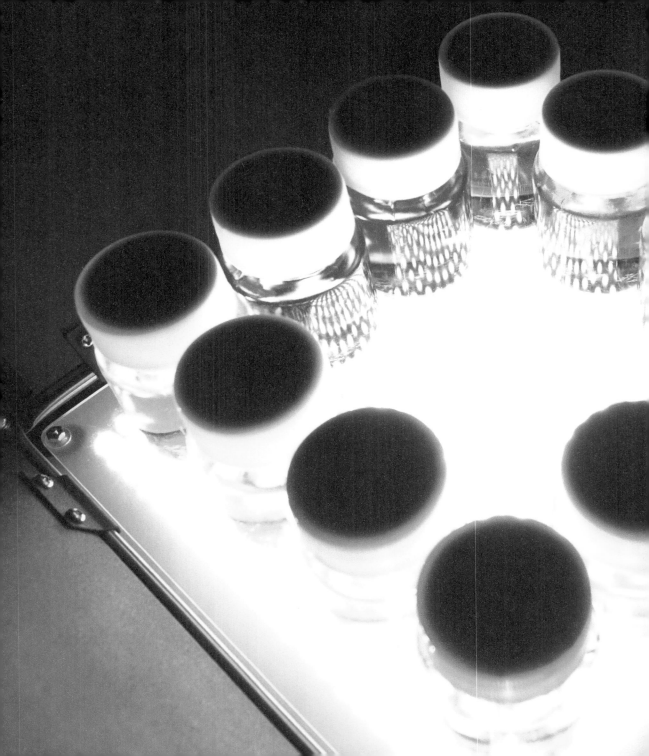

【原理】

对于不同物质有不同颜色这个问题在本节正文部分中进行了解释，在此不再赘述。

实验中涉及的 3 个反应生成的都是配合物，分别如下。

三氯化铁与硫氰化钾反应生成硫氰根合铁离子，该配合物溶液从稀到浓会呈现橙黄到血红的颜色变化：

$$Fe^{3+} + 6SCN^- \rightleftharpoons [Fe(SCN)_6]^{3-}$$

氯化钠与硫酸铜反应会生成黄色的四氯合铜酸根离子，这种离子与蓝色的铜离子混合后会出现绿色，同时这两种离子的比例不同，绿色的色彩倾向也会有所变化：

$$4Cl^- + Cu^{2+} \rightleftharpoons [CuCl_4]^{2-}$$

硫酸铜和乙二胺反应会生成蓝紫色的二乙二胺合铜离子：

$$Cu^{2+} + 2NH_2CH_2CH_2NH_2$$
$$\rightleftharpoons [Cu(NH_2CH_2CH_2NH_2)_2]^{2+}$$

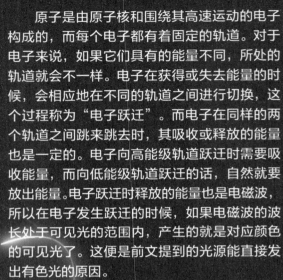

原子是由原子核和围绕其高速运动的电子构成的，而每个电子都有着固定的轨道。对于电子来说，如果它们具有的能量不同，所处的轨道就会不一样。电子在获得或失去能量的时候，会相应地在不同的轨道之间进行切换，这个过程称为"电子跃迁"。而电子在同样的两个轨道之间跳来跳去时，其吸收或释放的能量也是一定的。电子向高能级轨道跃迁时需要吸收能量，而向低能级轨道跃迁的话，自然就要放出能量。电子跃迁时释放的能量也是电磁波，所以在电子发生跃迁的时候，如果电磁波的波长处于可见光的范围内，产生的就是对应颜色的可见光了。这便是前文提到的光源能直接发出有色光的原因。

回过头再来看本节最前面关于物体颜色的解释。光是电磁波，而电磁波也是电子可以用来进行跃迁的能量之一。对于不同的物质来说，电子跃迁时所吸收的能量是一定的，那么如果

注：此处使用的原子模型为行星模型。

这部分能量恰巧来自可见光，对应的不正是前文解释中所提到的吸收了特定颜色的光吗？物质之所以"吸收"掉特定颜色的光，就是由于这部分特定的光被用于电子跃迁了，而剩下的没法直接利用的光自然会被反射回来。

看到这，你可能会有疑问了。有吸收肯定有释放啊，既然电子向同一个能级跃迁过去以及跃迁回来所吸收和释放的能量是一样的，那么为什么它在释放能量的时候没有把吸收的光再放出来呢？别忘了，可供电子跃迁的轨道不止一条，所以物质吸收可见光而放出不可见光也是很正常的。

对于一般物质来说，保持其性质的最小微粒是分子。分子中的电子并不局限于单个原子周围，而是将分子作为一个整体来围绕其运动。所以在这种情况下，分子一般与组成它的每个原子对应的单质的颜色都不同，从而呈现出特定的色彩。这样来看，在化学反应中，既然分子发生了变化，那么出现变色的现象也就没那么出人意料了。

实验
铜与钴的结晶水

【试剂】

硫酸铜、氯化钴。

【步骤】

1. 将蓝色的五水硫酸铜放入蒸发皿中，用酒精灯加热，不一会儿就会看到有水出现。随着水分的蒸发，蓝色的硫酸铜开始变白。在白色的硫酸铜上喷一些水或直接将其倒进水里，可见蓝色又重新出现了。

2. 将粉色的六水氯化钴放入蒸发皿中，用酒精灯加热，不一会儿就会看到有水出现。随着水分的蒸发，粉色的氯化钴逐渐变蓝。在变蓝的氯化钴上喷一些水或直接将其倒进水里，可见粉色又重新出现了。

【原理】

实际上不管是我们平常看到的固体还是溶液中的蓝色铜离子都不是单纯的铜离子 Cu^{2+}，而是水合铜离子 $[Cu(H_2O)_4]^{2+}$。当我们加热的时候，结晶水从分子里被蒸发了出来，因此留下了纯白的、没有一点水的铜离子 Cu^{2+}。而稍加一点水，蓝色的水合铜离子就又回来了。由于硫酸铜的这个特性比较灵敏，因此常在实验中用无水硫酸铜来检测水是否存在。同样，氯化钴中的钴离子也是一样的，在失水时变蓝，在含水时变粉。如左图所示，我们在实验室中用来吸水的变色硅胶就是在里面添加了一定量的钴盐，从而方便我们确定硅胶的吸水状态。

五水硫酸铜　$CuSO_4 \cdot 5H_2O \xrightarrow{\text{加热}} 5H_2O\uparrow + CuSO_4$　无水硫酸铜

六水氯化钴　$CoCl_2 \cdot 6H_2O \xrightarrow{\text{加热}} 6H_2O\uparrow + CoCl_2$　无水氯化钴

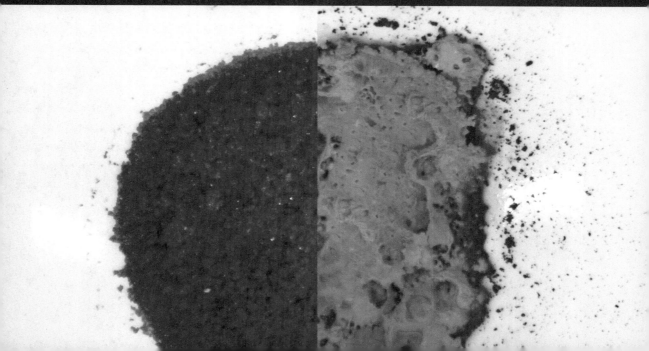

网上折纸花的教程非常多，在这里就不说了，因为这并不是这个实验的重点。

实验
晴雨花

【试剂】

　　氯化钴。

【步骤】

　　1. 用 50g 氯化钴加水配成 200ml 浓溶液，待用。

　　2. 用方形滤纸折一朵小花，然后在第一步配制的溶液中浸泡，之后取出晾干即可。或者，将滤纸浸泡、晾干之后再折纸花也可以，只不过这样的话要尽可能避免双手直接接触滤纸。

【原理】

　　在上一个实验的原理中我们说到了钴离子会在含有不同数量的结晶水时呈现不同的颜色，而本实验就是基于这一点衍生出来的。湿度与天气有着密不可分的联系，而这个实验中氯化钴所含结晶水的数量直接与空气的湿度有关。湿度越大，结晶水的含量越高，颜色趋粉；湿度越小，结晶水的含量越低，颜色趋蓝。这也就间接指示了天气状况。

红外线

红外线也是一种比较常见的电磁波，它的波长范围是 760nm~1mm。和紫外线一样，红外线也是肉眼不可见的，但它可以通过其他方式被我们很容易地感受到。红外线最大的作用就是传递热量，比如说太阳或者火的热量就是通过红外线传递过来的。这种传递方式就是所谓的热辐射，因此红外线也被称为热射线。事实上，红外线在我们的身边无处不在，所有温度高于绝对零度的物质都会产生红外线。为什么会这样呢？想想前面关于电子跃迁的描述就不难猜到，这些红外线正是高能级的电子在跃迁时释放出的能量。上图为一张红外线摄影照片，这是我们用可见的颜色去探测到的不同强度的红外线染色得到的，可以给人一种最直接的热辐射强弱的感受。

紫外光下的世界

我们根据电磁波波长的不同将它们分成了 7 类，而在这之中除了可见光之外，我们在日常生活中经常提及的微波、红外线和紫外线也都属于电磁波这个大家族。其中，我们把波长为 10~400nm 的电磁波称为紫外线。由于电磁波等同于广义的光，所以紫外线也被称为紫外光。用于发射紫外线的灯叫黑光灯或紫外光灯。需要注意的是，紫外线有着极高的能量，高到可以直接伤害人体，轻则晒伤，重则致癌，所以在实验过程中一定要尽可能避免高强度紫外线的直接照射。而另一方面，既然它具有这么高的能量，它就一定可以激发某些物质，让它们呈现出我们平常看不到的一面。背景图中是经过特殊处理的花（见下一个实验），它们在可见光（本页图）和紫外光（右侧图）下呈现了不同的效果。

实 验
紫外荧光花

【器材】
　　紫外光灯。

【试剂】
　　荧光素钠。

【步骤】
　　1. 将荧光素钠用水配成溶液（在配制过程中要小心，不要将其弄到手上或者溅出来，因为这些东西较难清理）。
　　2. 找几枝花（浅色的玫瑰、康乃馨或者百合），将它们的花枝放到溶液中养起来。1~2 天之后，你会看到花朵的导管中出现了对应溶液的颜色。
　　3. 在暗处将这些花朵放在紫外光下照射，你就会看到花朵表面出现了黄绿色荧光。

【原理】
　　荧光素钠是一种常见的荧光染料，在紫外光下会被激发，发出黄色的光。用含这种物质的溶液养花，花会通过植物本身的蒸腾作用吸入这种物质。所以，当我们用紫外光对其照射的时候，由于荧光素钠的存在，自然会出现花朵本身发光的现象。

色彩与化学

　　前面所说的颜色可能和化学的关系比较远，下面的内容就更"化学"一些。既然色彩的呈现与物质的化学结构有一定的关系，那么当然也可以通过颜色对物质甚至正在进行的化学反应做出一定的判断。患有色弱或者色盲的人无法报考化学专业，这个残酷的事实的原因就在于此。

价态

先不管什么是价态，"价"这个词还是很贴近生活的。我们进行买卖等市场活动的时候都要参考不同的定价，比如一件东西售价1元，我们只需要拿1元钱就可以买到它。而在化学中，元素用到的"钱"就成了电子。钠想要达到稳定状态，需要丢掉1个电子，而氯想要达到稳定状态，则需要获得1个电子。在这种情况下，假如钠将多余的电子交给氯的话，那么两者就都稳定了。由于电子带的是负电，所以失去了1个电子的钠带正电，而得到了1个电子的氯则带负电。因此，此时的钠是+1价，氯是-1价。这里的数字就是元素的价态，而这两者也会直接形成化合物氯化钠。再比如氧需要得到2个电子才能达到稳定状态，而铝需要丢掉3个电子才能达到稳定状态，所以要想让它们都变得稳定，显然让1个氧原子和1个铝原子结合是不行的，需要3个氧原子和2个铝原子结合。这里，氧的化合价是-2，铝则是+3。同时，我们也根据这个推断写出了氧化铝的化学式 Al_2O_3。推断化学式是化合价的又一个用途。右图为一块天然的紫水晶，相对于透明的水晶而言，这种矿石中一些不同价态的微量金属离子改变了水晶原有的晶体结构，从而使其呈现不同的颜色。

为什么有的元素失掉电子后会变得更稳定，而有的元素得到电子后才能更稳定呢？我们知道，原子是由带正电的原子核和围绕它高速运动的带负电的电子构成的。这些电子会分层排列，而且每个电子层所能容纳的电子数是一个定值。在通常情况下，当所有层排满的时候，便是原子最稳定的时候（注：此处特指主族元素，副族元素较为复杂，在此不做说明）。假如一个原子的其他层都排满了，唯独最外层多了一个电子，那么它扔掉这个电子要比把这层排满容易得多，反之亦然。这便是元素更倾向于显正价或负价的原因。

实验
多彩的钒

【试剂】

偏钒酸铵、浓硫酸、草酸、氢碘酸、锌粉、浓盐酸。

【步骤】

1. 称取 1g 偏钒酸铵，用 200ml 蒸馏水配成溶液，然后加入几滴浓硫酸，将溶液酸化到大约 pH=1 的程度，可以看到溶液变黄。由于接下来的每一步实验都要使用本溶液，因此需要将这种溶液分成几份，或干脆再配制几瓶。为了在下面的叙述中加以区分，我们将这种溶液称为原溶液。

2. 在其中一份原溶液中加入一些草酸并加热，可以看到溶液变蓝。此外，在原溶液中加入亚铁盐（如硫酸亚铁铵）亦可得到蓝色，只不过亚铁将钒还原后会升为 +3 价，对蓝色的观察会产生一些影响。

3. 在其中一份原溶液中加入一些氢碘酸，会看到溶液变绿。氢碘酸极易变质，要小心使用。

4. 将锌粉和少量浓盐酸加入其中的一份原溶液中，然后封住容器使其充分反应 30 分钟左右，会得到一种漂亮的紫色溶液。该溶液中的紫色离子接触空气中的氧之后会被氧化，所以在一般条件下很难单独存在。

利用本实验中介绍的方法可分别制得钒的不同价态的溶液，但这在实验条件受限时会非常困难。因此，本实验还有一个较为友好的做法，即在试管中加入原溶液以及少量浓盐酸和锌粒即可。该过程会逐步将溶液还原到不同的颜色，直到最后的紫色出现为止（如下列图所示）。然而由于溶液互相混合，中途出现的深绿色较难观察到，但相对于原来的方法，该方法操作简单，成功率高，更适合新手。

+5

44

+4   +3   +2

45

【原理】

在这个实验的各个步骤中，可以看到我们对溶液的不同操作使它的颜色发生了不同的变化，这是溶液中钒元素价态的改变导致的。

第一步的溶液中会发生如下反应：

$$VO_3^- + 2H^+ === VO_2^+ + H_2O$$

这一步中没有发生任何化合价的改变，两边的钒都是 +5 价。但是根据电极电势，VO_2^+ 在酸性条件下是一种氧化剂，所以它具有被不同还原剂还原到不同价态的能力，我们接下来可以对它实现逐步降价。

第二步的溶液中会发生如下反应：

$$2VO_2^+ + (COOH)_2 + 2H^+ \xrightarrow{加热} 2VO^{2+} + 2CO_2\uparrow + 2H_2O$$

在这一步中，钒被还原到了 +4 价，呈现蓝色。这里的钒是比较稳定的，没有之前 +5 价的氧化性，也没有下面要说的步骤中逐步增强的还原性。

第三步的溶液中会发生如下反应：

$$VO_2^+ + 4H^+ + 2I^- === V^{3+} + I_2 + 2H_2O$$

在这一步中，由于酸性条件下碘离子的还原性，+5 价的钒被降到了 +3 价，我们看到的绿色就来自 V^{3+} 离子。

第四步的溶液中会发生如下反应：

$$2VO_2^+ + 3Zn + 8H^+ === 2V^{2+} + 3Zn^{2+} + 4H_2O$$

此时大家看到的紫色就来自 +2 价的 V^{2+} 离子。V^{2+} 离子是一种很强的还原剂，可以直接被空气中的氧气氧化，因此在这一步中要注意密封容器。

这里，大家会很明显地看到同种元素在不同价态下会呈现不同的颜色。除了钒以外，我们可以看看比较常见的元素铁。铁在化合物中的常见价态有 +2 和 +3 两种，而含有这两种离子的溶液也具有不同的颜色，右图中的这两种溶液中的阳离子就分别是这两种不同价态的铁离子。

+2 价的铁离子被称为亚铁离子，含有它的溶液通常是绿色的，右图中三角烧杯里的溶液就是含有 +2 价铁离子的硫酸亚铁溶液。亚铁离子具有还原性，所以它很容易被空气中的氧气氧化为 +3 价。因此，在配制含有亚铁离子的溶液时，通常会用去离子蒸馏水作为溶剂，或者干脆用不易变质的硫酸亚铁铵作为溶质。

+3 价的铁离子被直接称为铁离子或三价铁，含有它的溶液通常是黄色的，右图中量筒里的液体就是含有 +3 价铁离子的三氯化铁溶液。因此，在判断与铁有关的反应时，除非有其他物质干扰，不然的话直接看颜色绝对是既简捷又准确的首选方法。

+3 价铁离子的颜色

　　在通常情况下，我们之所以看到含有 +3 价铁离子的溶液呈黄色，是因为 +3 价铁离子的水解。而除此以外，还有一种极其罕见的水合三价铁离子，它的颜色是淡紫色。如果想见识一下淡紫色的 +3 价铁离子的话，一种常用方法就是用硫酸或高氯酸一类的氧化性酸氧化少量含有亚铁离子的溶液。然而麻烦在于，这个反应中必须有水，但水一多，实验就会宣告失败，因此难度系数还是很大的。

　　好在除此之外我们还有其他办法看到紫色的 +3 价铁离子，那就是直接观察从试剂店购买的晶体状硝酸铁。硝酸铁的制作工艺恰恰保留了 +3 价铁离子的紫色，如上图所示，颜色还是很明显的。

指示剂

当然，用颜色判断价态只是色彩在化学中起到的作用之一，相比之下，更为常见的与颜色有关的则是不同的指示剂。顾名思义，指示剂是用来指示东西的，而最常见的指示剂就是酸碱指示剂。

说到酸碱指示剂，就要先来说说酸和碱，那么什么是酸和碱呢？目前化学界对于酸和碱的定义有许多套理论，这里我们要说的则是最经典的酸碱理论：酸碱电离理论。酸碱电离理论又叫阿伦尼乌斯酸碱理论，这是用这套理论的提出者阿伦尼乌斯（S. A. Arrhenius, 1859—1927）的名字命名的。这一理论规定，在水溶液中，阳离子只电离出氢离子的物质就是酸，阴离子只电离出氢氧根离子的物质就是碱，而酸碱反应的本质就是氢离子与氢氧根离子发生反应生成水。

$$H^+ + OH^- \Longrightarrow H_2O$$

当然，这套理论在今天来看是有局限性的，但这倒也不妨碍它成为日常生活中最常用的一套酸碱理论。而与之相关的还有一个很重要的值，就是用于表示溶液中酸碱性强弱的 pH。pH 不是个凭空创造出来的值，这个值对应的是溶液中氢离子浓度的负对数。由于 pH 的

具体定义涉及的内容较多，就不在这里展开讲了，大家只需要知道下面两点就好。

第一，pH 可以用来表示溶液的酸碱性强弱。这点可以从定义中的"氢离子浓度"推出来，而氢离子浓度与上述的酸碱定义直接相关。

第二，pH 和温度有关。这是因为定义中涉及一个叫作水的离子积常数的东西（具体请看本书中"电流"那一章），符号为 k_w。由于 k_w 和温度相关，所以 pH 自然也和温度有关。

在用 pH 表示酸碱度时，我们这样判断：在 25°C 的时候以 pH=7 为中性，在 100°C 的时候以 pH=6 为中性，同时其数字越大表示碱性越强，数字越小表示酸性越强。当然，我们的日常生活以及简单实验中用都是 25°C 时的标准，100°C 时的标准仅在实验中可能用到。

不同的酸碱理论

正文中介绍的酸碱电离理论的局限性在于"水溶液"。如果溶剂不是水，又该怎么办？所以，我们有了"酸碱溶剂理论"。这个理论认为，正因为溶剂是水，所以酸和碱才要用氢离子和氢氧根离子定义。假如溶剂不同，用于定义酸和碱的离子也应该不同。这便导致了同一种物质在这种溶剂中是酸，而在另一种溶剂中可能是碱，从而拓展了酸和碱的定义。

然而这还没摆脱"溶液"这个条件，所以又出现了一种新的酸碱理论——"酸碱质子理论"。质子是什么？质子就是广义上的氢离子。这个理论摆脱了溶液，认为物质只要能给出质子就是酸，能接受质子就是碱，用式子表示的话就是酸＝碱＋质子。既能给出质子又能接受质子的物质被称为两性物质。这个理论对酸和碱的范围进行了再一次的扩大。

不过，这两个理论一个没离开溶液，一个没离开氢，看来这两种理论还是不够完美。于是新理论再次出现——"酸碱电子理论"。这个理论由共价键理论的创始人路易斯（G. N. Lewis，1875—1946）提出，用物质的分子结构定义酸和碱。具有孤对电子的物质是碱，能接受电子对的物质是酸，碱可以用自身的孤对电子使酸中的原子达到稳定的电子层结构。酸碱电子理论将酸和碱拓展到了目前最大的范畴，当然它也有一定的局限性，就是无法比较酸碱性的强弱，不过这点已经被后来的软硬酸碱理论完善了。

实验
天然指示剂

【试剂】

稀盐酸、稀氢氧化钠溶液、水、无水乙醇、紫甘蓝、红酒。

【步骤】

1. 取 3 支试管，分别加入 5ml 稀盐酸、5ml 水和 5ml 稀氢氧化钠溶液。这样的 3 支试管作为一组，准备两组。这些是我们一会儿要用到的待测液体（为了使效果明显，也可像右图一样加大剂量，使用小烧杯）。

2. 在选择紫甘蓝的时候，尽量找紫色比较深的，这样效果会比较明显。将准备好的紫甘蓝洗净，然后掰成小块待用。

3. 找一个小烧杯，放入一些上一步中掰碎的紫甘蓝，其量不要超过烧杯容积的 2/3，然后加少量无水乙醇至没过紫甘蓝，之后将小烧杯隔水加热。隔水加热时可以使用水浴锅，或者在小烧杯外面套一个装满水的大烧杯。

4. 每当乙醇中的紫甘蓝颜色变浅时，就将已经变色的紫甘蓝取出来，然后放入一些新的紫甘蓝。将该步骤重复 4~5 次，然后停止加热。将变成紫色的乙醇取出来晾凉。

5. 在一组待测液体中分别加入 1ml 上一步中制得的液体，观察现象。

6. 在另一组待测液体中分别加入 1ml 红酒，观察现象。

【原理】

红酒与紫甘蓝浸出液中含有花青素，这种物质可以在酸碱性不同的环境下变色。

紫甘蓝浸出液

红酒

稀盐酸
（酸性环境）

稀氢氧化钠溶液
（碱性环境）

实验中不要用太劣质的红酒。特别便宜的红酒不是用葡萄酿造的，其中没有我们实验中所需的物质，因此会直接造成实验失败。当然，考虑到这个实验本身也不会用太多的红酒，所以悄悄倒一点家里珍藏的红酒也不是不可以的……当然，还是提前跟家长说一声吧……

51

在上面的实验中，不管是红酒还是我们用乙醇从紫甘蓝里提取出的花青素，它们都在酸性、中性以及碱性溶液中呈现了不同的颜色。假如有一些需要检测酸碱性的未知溶液，那么利用这个特点，只要在其里面加入一些类似红酒或紫甘蓝浸出液这样的溶液不就行了吗？这就是酸碱指示剂的由来。

事实上，每一种可以作为酸碱指示剂的物质都不是恰好在中性时发生变色现象，它们各有各的变色范围。举个例子，有一种叫作甲基红的常见指示剂，它在 pH 小于 4.4 的环境中是红色的，在 pH 大于 6.2 的环境中是黄色的。再比如说石蕊，它在 pH 小于 4.5 的环境中是红色的，而在 pH 大于 8.3 的环境中是蓝色的。此外，有些指示剂的变色范围还不止一种，比如百里香酚蓝，它在所处环境的 pH 小于 1.2 时是红色的，pH 为 2.8~8.0 时是黄色的，大于 9.6 时则是蓝色的。正是由于这些不同的变色范围，我们才能够通过这些酸碱指示剂更精确地判断某一种溶液的 pH。顺带一提，我们之前提到的花青素由于受到其自身性质的限制，并不是常用的酸碱指示剂。

最强的酸是什么？

　　所有人在接触化学、接触酸碱概念的时候都会产生这个疑问。在回答这个问题之前，我们最好先来说说为什么很多人都会提出这个问题。在常见的酸里，名气最大的3种就是硫酸、硝酸和盐酸。这3种酸虽然在化工领域和实验室中很常用，但在一般人的眼里，因为这3种物质都可以腐蚀很多东西，所以很多人在潜意识里认为酸性等同于腐蚀性，酸性越强，腐蚀性越强。当然，这种理解大错特错，酸性和腐蚀性根本没有必然联系。腐蚀性指的是某一物质对另一物质的破坏能力，所以要讨论一种物质的腐蚀性时还要看看这种物质面对的是什么。此外，在上一个小知识中，我们提到了不同的酸碱理论。在不同的理论中，酸的定义都是不同的，自然没法进行比较。就比如名气很大的魔酸，即氟锑磺酸，属于质子酸和路易斯酸的混合物，甚至不是电离理论定义下的酸，又怎么能和电离理论中最强的酸进行比较呢？

　　所以，最强的酸是什么，这本身就是个毫无意义的问题。当然如果你真的想知道，那么我可以给你两个同样意义不大的参考答案，目前酸性最强的物质是碳硼烷酸，而腐蚀性最强的酸则是氟乙酰氨硫酸。

　　那么，为什么这些指示剂会在不同的 pH 下改变颜色呢？根据我们之前所说的物质变色的原因不难得出，这是因为指示剂的分子发生了改变。简单地说，这些物质与酸或者碱发生了反应。举一个例子，酚酞也是一种常见的指示剂，然而实际上它是一种有机弱酸，所以可以轻易地和碱反应，生成新的物质，从而改变溶液的颜色。这便是指示剂的颜色发生变化的原因。

　　顺带一提，酚酞的变色实际上要比中学化学课本上说的复杂一些。中学课本认为 pH 的范围只局限于 0~14，所以酚酞的变色范围被描述成了 pH 小于 8.2 时为无色，大于 10.0 时变红。但实际上根据 pH 的定义可知，pH 是可以小于 0 或大于 14 的，所以酚酞的变色范围还有隐藏的两段，就是在强酸性环境中变红，在强碱性环境中退回无色。这一段冷知识大家知道就好，大学化学专业还是会提到的。

　　另外，常用的指示剂除了酸碱指示剂以外，还有一种指示剂叫作氧化还原指示剂，这类物质我们在这里先不讲。

【试剂】

三氯化铁、硫氰化钾、亚铁氰酸钾、没食子酸、氢氧化钠、苯酚。

【步骤】

1. 称取 5g 三氯化铁，加 100ml 水配成溶液，然后将溶液分成 5 份。

2. 在第一份溶液中加入两粒硫氰化钾并摇匀，会看到溶液变红。

3. 在第二份溶液中加入两粒亚铁氰化钾并摇匀，会看到溶液变蓝。

4. 在第三份溶液中加入 1g 左右的没食子酸并摇匀，会看到溶液变黑。

5. 称取 0.4g 氢氧化钠与 100ml 水配成溶液，然后用滴管向第四份溶液中滴加 1ml 此种溶液并摇匀，会看到溶液出现棕色沉淀。

6. 用苯酚与水配成少量饱和溶液，取 1ml 加入第五份溶液中并摇匀，会看到溶液变成紫色。

反应

既然指示剂的变色是基于反应的，那么我们为什么不把反应单拿出来说一说呢？化学反应是化学的核心，这个过程充满了新旧物质的更迭与交替。既然分子发生了变化，物质变得不同了，那么当然，化学反应中发生变色的现象也就不足为奇了。

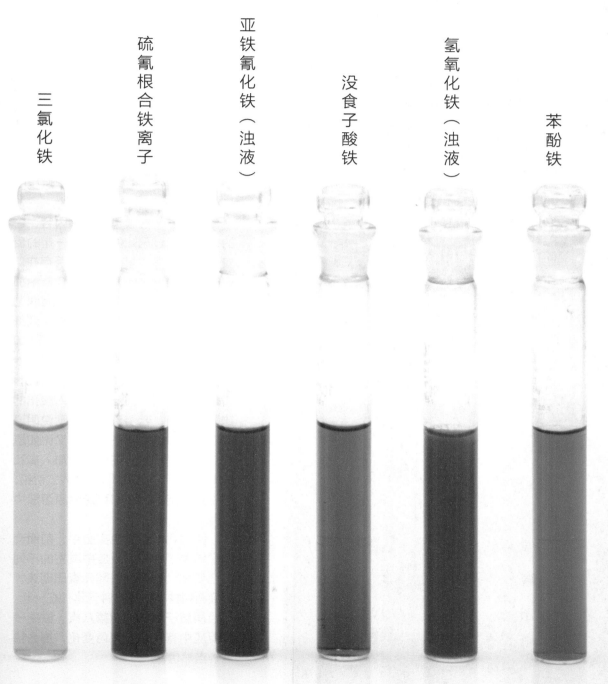

三氯化铁　硫氰根合铁离子　亚铁氰化铁（浊液）　没食子酸铁　氢氧化铁（浊液）　苯酚铁

55

【原理】

三氯化铁与硫氰化钾反应会生成硫氰根与铁离子的配合物，该物质会呈现静脉血一般的血红色，此反应可用于检验溶液中的铁离子：

$$FeCl_3 + 6KSCN \longrightarrow K_3[Fe(SCN)_6] + 3KCl$$

三氯化铁与亚铁氰化钾反应同样会生成一种配合物，这种蓝色物质就是绘画颜料中所用的普鲁士蓝：

$$4FeCl_3 + 3K_4[Fe(CN)_6] \longrightarrow$$
$$Fe_4[Fe(CN)_6]_3 + 12KCl$$

三氯化铁与没食子酸反应会生成没食子酸铁：

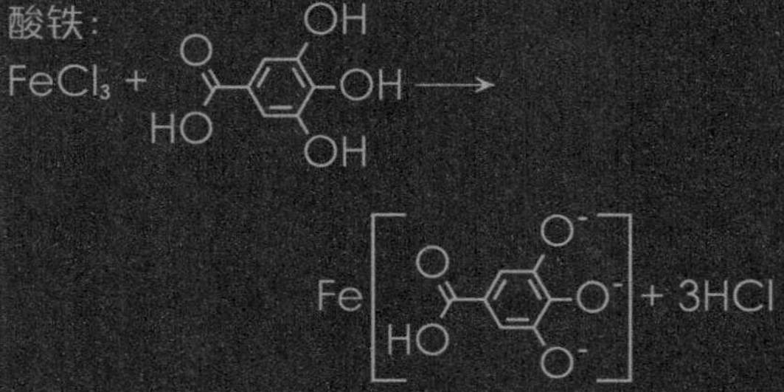

三氯化铁和氢氧化钠反应会生成氢氧化铁沉淀：

$$FeCl_3 + 3NaOH \xlongequal{\quad} Fe(OH)_3\downarrow + 3NaCl$$

三氯化铁和苯酚反应会生成苯酚铁：

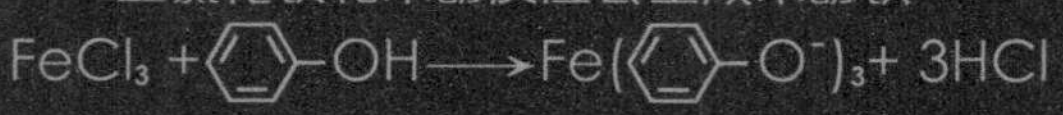

没错，在这个实验中，仅仅三氯化铁这一种物质就能在反应中产生这么多不同的颜色。而且前两个实验（也就是三氯化铁分别与硫氰化钾、亚铁氰化钾发生反应的实验）还可以反过来用于检验未知溶液中是否存在铁离子。这无疑是用颜色判断化学反应的又一个实例——离子检验。

经典离子检验包括很多内容，它的核心是通过已知的物质和一定的反应来确定溶液中某一离子是否存在。如检验铵根离子时，通过在溶液中加入氢氧化钠并略微加热，然后用润湿的红石蕊试纸检验生成的气体，试纸变蓝则说明原溶液中含有铵根离子（如右图所示）。而这些检验方法中，涉及变色的占据了很大比例。比如检验二价锰离子时，在溶液中加入酸化的铋酸钠溶液，若溶液变紫，则说明原溶液中有二价锰离子存在。又比如鉴定三价铬离子时，在溶液中加入碱和过氧化氢，若溶液变黄，再加入二价铅，产生黄色沉淀时，即可说明原溶液中含有三价铬离子。

回到我们的变色实验中，前面介绍了铁离子在不同反应中发生的不同颜色变化，那么翻一翻元素周期表，你会看到铁、钴、镍3种元素挨在一起，而且同属于第四周期第八族。铁离子在反应中有这么多颜色变化，那么钴呢？当然也有。

钴

　　钴是一种位于第四周期第八族的金属，原子序数为 27，元素符号为 Co。钴有两个关键词：一个是"磁性"，钴元素具有很好的铁磁性，可以用来制造特种磁铁，但是它的风头最近被号称超强磁铁的钕铁硼磁铁抢了不少；另一个关键词则是"蓝色"，颜料中的"钴蓝"就源于一种含钴化合物，同样有着漂亮蓝色的"钴玻璃"则是将钴的氧化物添加到玻璃中制成的。此外，钴的同位素钴-60 是一种很常用的强力伽马放射源，如果在无防护的情况下与之接触的话，它在几小时内所释放出的伽马射线就足以导致接触者在短短十几天内死亡。好在目前各国政府都严格管控这种东西，一旦发现丢失，就会立即动用全部力量追缴，所以大家也不必太担心自己中招。当然，一般的钴可没这么"暴力"，而且它还会和其他金属一起被制成某些领域所使用的高性能合金。下图中显示的是一块金属钴。

实验
钴离子的变色实验

【试剂】

氯化钴、浓盐酸、亚硝酸钠、硫氰化钾、丙酮、氢氧化钠。

【步骤】

1. 取 20g 氯化钴，用 200ml 水配成溶液。然后将溶液分成 5 份。

2. 取 0.2g 氢氧化钠，用 50ml 水配成溶液。

3. 在第一份氯化钴溶液中加入一些浓盐酸，可以看到溶液变蓝。

4. 在第二份氯化钴溶液中加入一些硫氰化钾固体，可以看到溶液变紫。

5. 在第三份氯化钴溶液中加入一些亚硝酸钠固体，可以看到溶液变为橙色。

6. 在第四份氯化钴溶液中加入一些丙酮，可以看到溶液变为粉红色。

7. 在第五份氯化钴溶液中加入一些第 2 步配制的氢氧化钠溶液，可以看到产生了蓝色沉淀，静置一段时间后沉淀变成了粉红色。

【原理】

氯化钴溶液的粉红色来自钴离子的六水合物，加入浓盐酸的时候，浓盐酸中的氯离子会替代钴离子所结合的水，使溶液呈现蓝色：

$$[Co(H_2O)_6]^{2+} + 4Cl^- \rightleftharpoons [CoCl_4]^{2-} + 6H_2O$$

氯化钴与硫氰化钾反应，会生成钴离子和硫氰根离子的紫色配合物：

$$Co^{2+} + 4SCN^- \rightleftharpoons [Co(SCN)_4]^{2-}$$

氯化钴与亚硝酸钠反应，会生成橙色的亚硝酸钴钠：

$$4[Co(H_2O)_6]Cl_2+O_2+24NaNO_2 \rightleftharpoons$$
$$4Na_3[Co(NO_2)_6]+8NaCl+4NaOH+22H_2O$$

在氯化钴溶液中加入丙酮的过程实际上是在减少溶液中的水，这并不是一个化学过程，故没有化学方程式。

最后，氯化钴与氢氧化钠溶液反应，刚开始会生成蓝色的一氯氢氧化钴沉淀：

$$CoCl_2 + NaOH \rightleftharpoons Co(OH)Cl\downarrow + NaCl$$

然后沉淀变成粉红色：

$$Co(OH)Cl +NaOH \rightleftharpoons Co(OH)_2 + NaCl$$

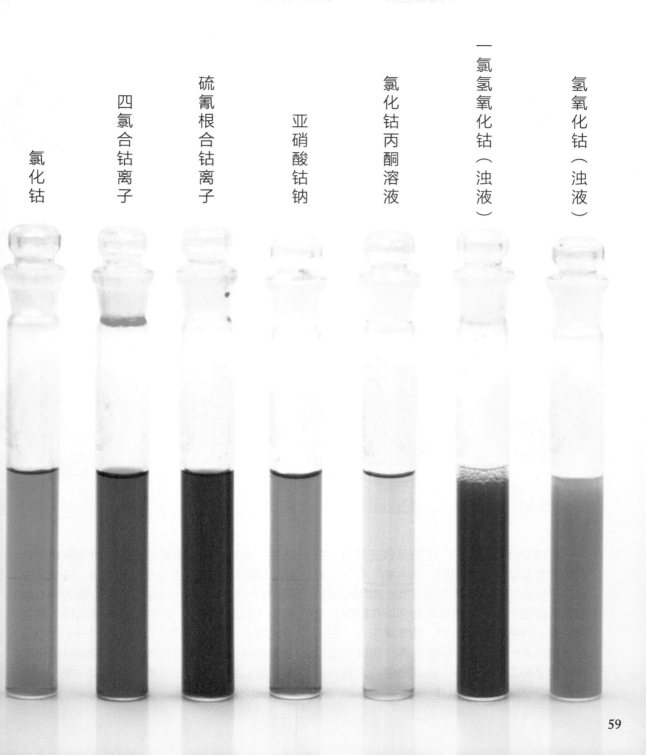

氯化钴

四氯合钴离子

硫氰根合钴离子

亚硝酸钴钠

氯化钴丙酮溶液

一氯氢氧化钴（浊液）

氢氧化钴（浊液）

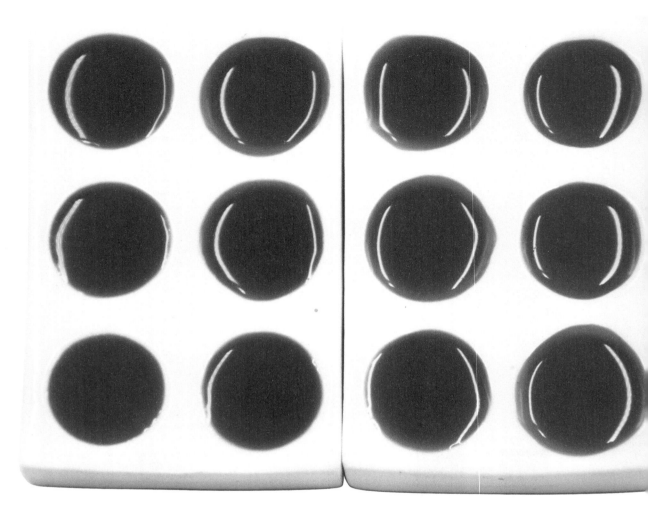

　　到这里我们会看到，不管是铁还是钴，它们的变色实验中很多都和"配合物"有关。那么这个配合物究竟是什么呢？我们来用最简单的方式解读一下。配合物的全称叫作配位化合物，是一种特殊的化合物。简单来说，一般的配合物会有一个中心，就像这两个实验中出现的铁离子和二价钴离子。而这些中心会有一些结构上的空位，正好可以让一些其他的东西"嵌"

进来。通过这样的方式形成的化合物就是配合物。就好比一颗石头上有好几个洞，每个洞中都能塞一些东西。一般来说，配合物的中心都是位于副族的元素，因为这些元素结构上的空位比较多，容易形成配合物。而同一个中心结合其他分子的数量不同的话，呈现的效果也不同。我们用铁钴镍三兄弟中的最后一个——镍再来做个实验看看吧。

实 验
镍与氨

【试剂】

氯化镍、浓氨水。

【步骤】

1. 配制少量氯化镍的饱和溶液，然后按照逐渐减少的方式滴在点滴板的凹坑内。如一个坑内可以滴 30 滴溶液，那么下一个坑内就减少到 28 滴，再下一个减少到 26 滴，以此类推。

2. 在少于 30 滴氯化镍溶液的凹坑内滴加浓氨水，将其补充到 30 滴的量。如这个凹坑内有 28 滴氯化镍溶液，就滴 2 滴浓氨水，下一个坑内有 26 滴氯化镍溶液的话，就滴 4 滴浓氨水，以此类推。

【原理】

这个实验中用到的镍是正二价的镍离子，而镍离子是可以与氨配位的。在通常情况下，镍与氨会形成六配位离子，即氨在镍离子上镶嵌 6 个分子，形成 $[Ni(NH_3)_6]^{2+}$ 离子。但是在这里，由于我们刻意控制了氨水的量，所以大家可以看到一个很明显的过渡——这就是由与镍配位的氨的数量不同导致的。

警 告

氯化镍有毒，也有可能导致皮肤过敏，使用时应避免其与皮肤直接接触。

当然，根据元素周期表，排在铁钴镍后面的元素是铜，而铜也是可以形成配合物的。对于铜与氨的配位实验，我们会增加一些趣味性，然后放在本章的下一节中介绍。而在这一页，我们不妨来做一个用以验证流言的实验：硫酸铜与氯化钠究竟会不会发生化学反应？中学阶段给出了很多判断两种物质会不会发生反应的方法，但依据其中任何一种方法都会得到两种物质不会发生反应的结论，然而真的是这样吗？

实 验
铜与氯

【试剂】

　　硫酸铜、氯化钠。

【步骤】

　　取一些硫酸铜配成 50ml 溶液，然后向溶液内不断添加氯化钠固体并搅拌，观察现象。可以看到溶液的颜色从蓝变绿，而氯化钠的量加得足够多的话，溶液最后的颜色将会是亮黄绿色。

【原理】

　　在第 34 页的"铜与钴的结晶水"实验中说过，蓝色铜离子的存在形式是水合物，即 $[Cu(H_2O)_4]^{2+}$。细化一下的话，这里铜与水的结合方式也是配位，同时大家不难看出，铜有 4 个可以嵌入其他物质的"洞"。氯化钠在溶解的时候会产生氯离子，而这些氯离子刚好可以替换铜离子上面的 4 个水分子，形成新的配合物四氯合铜离子，即 $[CuCl_4]^{2-}$。这种离子是黄色的，所以在往蓝色硫酸铜溶液中添加氯化钠的过程中，由于黄色的四氯合铜离子越来越多，溶液也会出现从蓝到绿再到黄的变化。那么现在来看氯化钠和硫酸铜会发生反应吗？答案是肯定的。只不过这个反应的原理在中学阶段并不会涉及，大家到了大学才会接触。

$$CuSO_4 + 4NaCl \Longrightarrow Na_2[CuCl_4] + Na_2SO_4$$

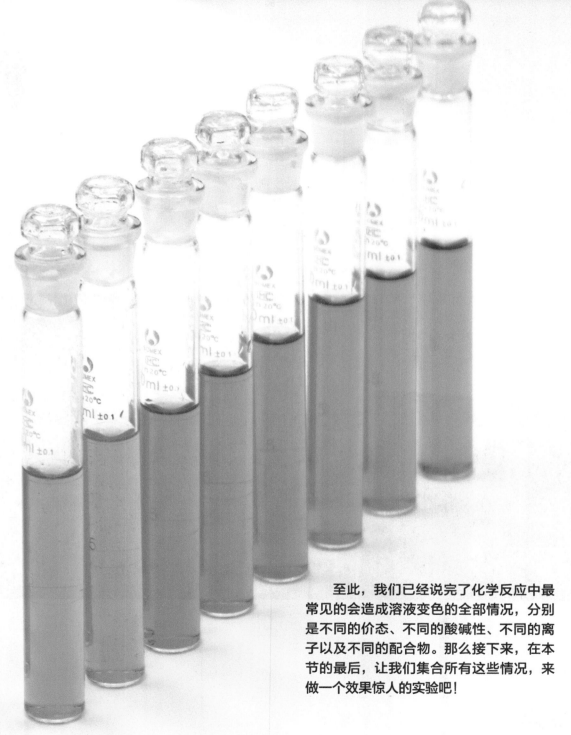

　　至此，我们已经说完了化学反应中最常见的会造成溶液变色的全部情况，分别是不同的价态、不同的酸碱性、不同的离子以及不同的配合物。那么接下来，在本节的最后，让我们集合所有这些情况，来做一个效果惊人的实验吧！

虽然"过氧化氢 3%"看起来像是个语法错误，但是这确实是化学上用的试剂名称哦！类似的还有乙醛 40%、水合肼 80% 等。

实验
溶液中的蓝与金

【试剂】

　　硫酸铜、酒石酸钾钠、过氧化氢 3%。

【步骤】

　　1. 配制 60ml 1mol/L 的酒石酸钾钠溶液。为了便于计算，我们可以称取 28.2g 酒石酸钾钠，用 100ml 水溶解。然后，取其中的 60ml 溶液做这个实验。

　　2. 称取 2.5g 硫酸铜，用 10ml 水配成溶液待用。

　　3. 将 60ml 酒石酸钾钠溶液和 40ml 过氧化氢 3% 混合，然后放到磁力搅拌器上，加入转子并开始加热。同时在溶液中放好温度计，以便随时监测溶液的温度。

4. 当溶液的温度达到 50℃时，打开磁力搅拌器开始搅拌。同时，加入 1ml 在前面配制的硫酸铜溶液，然后观察现象。可见溶液中开始冒出大量的气泡，而颜色也由蓝色变成了金色，然后慢慢变深。

5. 再次量取 40ml 过氧化氢 3% 加入已经变色的溶液中，溶液会再次变蓝，过一段时间后重新变成金色。通过不断添加过氧化氢 3%，这样的过程大约可以重复 3 次。

【原理】

酒石酸钾钠中所含有的酒石酸根是一种用于和铜离子发生配合的常用物质。它在和铜离子发生配合之后会生成绛蓝色的酒石酸铜，这也就是为什么我们在溶液中只加入了1ml硫酸铜就能看到那么明显的蓝色。

我们分两步解释这个过程。对于整个溶液来说，50℃是一个临界温度。在这个温度以上，铜离子会氧化酒石酸根，同时自身被还原成 +1 价，生成氧化亚铜。这便是溶液的颜色由蓝色变为金色并逐渐加深的原因。遗憾的是，关于这一步的具体过程，目前科学界还没有一个完整的统一定论，所以我们并不能写出一个具体的方程式。

接下来，当我们重新加入过氧化氢的时候，过氧化氢会将 +1 价的亚铜离子重新氧化到 +2 价的铜离子，所以蓝色就又变回来了。而这个加入溶液的过程相当于降温，因此溶液的蓝色可以保持一小段时间，当温度再次升高到50℃的时候，第一个反应便再度发生了。

没食子酸铁　久置苯酚铁　氯化钴　硫氰根合铁离子　柠檬酸铁铵　亚硝酸钴钠　重铬酸钾　三氯化铁　铬酸钾　四氯合铜离子　硫酸铜＋四氯合铜

氯化镍　硫酸铜＋四氯合铜　硫酸铜＋四氯合铜　氯化铜　硫酸铜　四氯合钴离子　六氨合镍离子　乙二胺合铜离子　高锰酸钾　硫氰根合钴离子　氯化钴丙酮溶液

在本节的最后，我们集合前面出现的所有有色溶液，呈现了这道独一无二的彩虹。

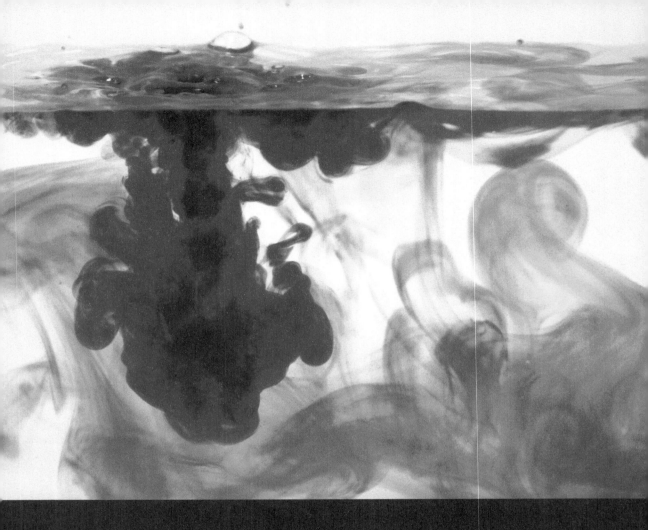

让创意绽放

 既然大多数变色都来自化学变化，那么我们完全可以利用这样的变化来创造一些有趣的实验，这便是本节标题的含义。在如此众多的化学实验中，想要实现变色的效果并不难，而难点在于你该如何呈现这个变色过程，使它更有趣。这是一个需要兼顾形式和内容的问题，而负责将两者结合起来的就是你的创意。

不要将指示剂的浓度配得太高，不然会出现很深的颜色，影响实验效果。此外，在实验过程中，不要直接用手接触这些浸染过的滤纸，因为它们有可能会给你的手指染上难以洗掉的颜色。

实验
花的色彩

【试剂】

0.05mol/L 的草酸溶液、0.05mol/L 的碳酸钠溶液、不同的酸碱指示剂。

【步骤】

1. 在若干滤纸上分别涂上不同的指示剂并晾干，然后折成纸花。

2. 将晾干的纸花的顺序打乱，然后分别喷上草酸与碳酸钠溶液，观察现象。

【原理】

本实验的原理可见于前文中关于指示剂的正文部分。

实验
干冰与指示剂

【试剂】

　　干冰、碳酸钠、不同的酸碱指示剂（右图演示所用指示剂分别为溴百里香酚蓝、酚酞和茜素黄R）。

【步骤】

　　1. 将不同的酸碱指示剂分别配成溶液（注意配制的溶液浓度不要太高，以免颜色太深而影响实验效果），然后利用少量的碳酸钠将这些指示剂溶液的颜色调为碱色（指示剂在pH偏高的环境下的颜色）。

　　2. 在这些溶液中加入干冰，可见溶液的颜色随着干冰表面大量气体的生成而逐渐变化。

【原理】

　　干冰是固态的二氧化碳，具有-78℃的低温。所以在常温下，不管是在空气中还是在水中，它每时每刻都在转化为气态的二氧化碳：

$$CO_2(s) \longrightarrow CO_2(g)\uparrow$$

　　二氧化碳溶于水生成碳酸会降低溶液的pH，同时也会逐步消除碳酸钠的碱性，因此其中的指示剂也会出现变色现象。

　　顺带一提，实验中出现的大量白雾是干冰挥发出的二氧化碳从溶液中冒出来的时候所带的水汽。

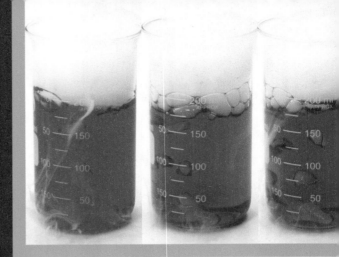

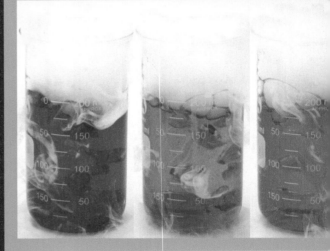

溴百里香酚蓝

酚酞

茜素黄R

缓冲溶液（上）

这个实验的原理部分并没有点明实验中溶液的pH究竟是如何改变的，这是因为对于只具备简单化学知识的人来说，这个情况确实有点复杂。当时我在写这一段文字的时候觉得这一点比较有意思，就顺手出了一道题发到了网上，结果这个影响是"核弹"级别的，一些喜欢化学的中学生、化学专业的大学生以及一部分化学老师全部被绕进去了。题目如下：

在常温下，向碳酸钠溶液中通入足量的二氧化碳，能不能将溶液的pH降到7以下？如果能，请写出相关的方程式；如果不能，请说明理由。

究竟能不能呢？答案当然是能。毕竟左图这个实验的现象已经摆在这里了。但是，学过水解的读者会知道，碳酸钠在水中电离后会使溶液显碱性：

$$CO_3^{2-} + H_2O \rightleftharpoons HCO_3^- + OH^-$$
$$HCO_3^- + H_2O \rightleftharpoons H_2CO_3 + OH^-$$

而二氧化碳溶于水时，二氧化碳会与水生成一定量的碳酸，碳酸可以使溶液显酸性：

$$CO_2 + H_2O \rightleftharpoons H_2CO_3$$
$$H_2CO_3 \rightleftharpoons HCO_3^- + H^+$$
$$HCO_3^- \rightleftharpoons CO_3^{2-} + H^+$$

于是问题来了，稍作思考就会知道，这两套对立的方程式最终全部指向了HCO_3^-这一水解显碱性的离子，溶液还怎么可能显酸性呢？这是一道很有趣的思考题，大家可以先试着思考一下，然后再看下一页的解答。

缓冲溶液（下）

其实原理很简单，碳酸根离子水解时会产生 OH^-，使溶液的 pH 升高，而碳酸电离时会产生 H^+，使溶液的 pH 降低，所以定位 HCO_3^- 的来源对于判断溶液的 pH 尤为重要。二氧化碳与碳酸钠在溶液中完全反应时的方程如下：

$$CO_2 + Na_2CO_3 + H_2O == 2NaHCO_3$$

二氧化碳足量，所以该过程势必发生，因此我们直接考虑 HCO_3^- 就可以了。当溶液中只剩下碳酸氢钠时继续通入二氧化碳的话，二氧化碳会结合水产生新的 HCO_3^-，同时抑制原有的碳酸氢钠的水解。那么也就恰巧存在一个临界点，使得碳酸电离产生的 HCO_3^- 恰巧完全抑制了碳酸氢钠的水解，此时溶液的 pH 恰好为 7。接下来，倘若在溶液中继续通入二氧化碳，那么自然，pH 就会小于 7 了。而影响这一切的唯一条件就在于溶液所能容纳的二氧化碳的量够不够，换言之，最开始碳酸钠的浓度是否能够被二氧化碳所颠覆。这种可能性终究是存在的，所以答案当然是肯定的。可能会有人认为干冰对溶液的冷却也会影响实验结果，但实际上温度的影响并不大。对于这个问题来说，就算用现成的钢瓶装二氧化碳进行验证，也会得到相同的答案。

在一些需要保证溶液的 pH 相对稳定的研究中，我们一般会加入缓冲溶液。缓冲溶液一般由弱酸及其盐或弱碱及其盐构成，它既能消耗掉一定的酸，又能消耗掉一定的碱。这里出现的溶液就可以看作一种缓冲溶液。其他常见的缓冲溶液还有醋酸钠-醋酸缓冲溶液、氨水-氯化铵缓冲溶液等，它们都有着特定的用途。

实验
书写密信

本实验的目的是对本章全部内容的综合应用，以下仅为 3 个例子。关于更多的做法，读者完全可以自行开发。

【试剂】

	书写剂	显影剂
第一组	硫氰化钾	三氯化铁
第二组	酚酞试液	氢氧化钠
第三组	醋酸铅	铬酸钾

【步骤】

1. 选择任意一种书写密信的方式，将其对应的书写剂与显影剂分别配成溶液。

2. 用毛笔蘸取书写剂在纸上写字并晾干，然后在解密的时候用小喷壶在上面喷上显影剂即可。

【原理】

此实验中的 3 个例子分别对应以下反应。

1. 硫氰化钾与三氯化铁反应，生成血红色的配合物硫氰根合铁：

$$FeCl_3 + 6KSCN \longrightarrow K_3[Fe(SCN)_6] + 3KCl$$

2. 酚酞在氢氧化钠造成的碱性条件下变红：

3. 醋酸铅与铬酸钾反应，生成铬酸铅沉淀：

$$Pb(CH_3COO)_2 + K_2CrO_4$$
$$== 2CH_3COOK + PbCrO_4\downarrow$$

实验
显影魔盒

【试剂】

硫酸铜、浓氨水。

【步骤】

1. 配制较稀的硫酸铜溶液，然后用毛笔蘸取该溶液在纸上写一些文字并晾干。

2. 在小烧杯中倒入 10ml 浓氨水，将其放入可密封的大盒子中（盒子选择透明或不透明的均可，这里为了让大家看清现象使用透明盒子）。

3. 在需要显影时将写过字的纸放入盒内，可见蓝色的字迹慢慢显现。

【原理】

浓氨水会挥发出大量的氨气充满整个盒子，而硫酸铜可以与氨气生成深蓝色的配合物硫酸四氨合铜。这种物质的颜色要比硫酸铜本身深得多，所以自然就造成了纸上文字显现的效果。

$$CuSO_4 + 4NH_3 === [Cu(NH_3)_4]SO_4$$

显影魔盒实际上是一个特殊的书写密信实验，一个根据反应物的特点所做的创意实验。

实验
气致沉淀

【试剂】
　　硫酸铜、浓氨水。

【步骤】
　　1. 配制硫酸铜饱和溶液，然后取一个培养皿的盖子，将配好的硫酸铜溶液倒进去一些，大约铺满培养皿底部 2mm 深即可。
　　2. 在培养皿上盖一张滤纸，其大小要足够将培养皿的口完全盖上，然后在滤纸中央滴几滴氨水。
　　3. 1 分钟后，拿掉滤纸，观察现象。

【原理】
　　浓氨水会挥发出大量的氨气，但由于滤纸与培养皿形成了一个相对封闭的空间，因此气体的扩散会受到一定的影响。在这个过程中，硫酸铜可以与氨气生成深蓝色的配合物硫酸四氨合铜，同时硫酸铜也会与氨气溶于水所产生的氢氧根离子形成氢氧化铜沉淀，二者交错便出现了实验中的特殊现象。

$$CuSO_4 + 4NH_3 === [Cu(NH_3)_4]SO_4$$
$$NH_3 + H_2O === NH_3 \cdot H_2O$$
$$Cu^{2+} + 2NH_3 \cdot H_2O === Cu(OH)_2\downarrow + 2NH_4^+$$

　　除了此处提到的硫酸铜与浓氨水的组合以外，也可以试试硝酸银与浓盐酸的组合。

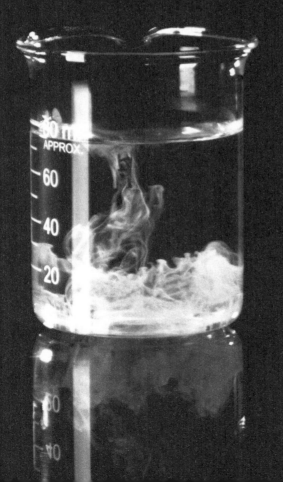

在硫代硫酸钠溶液中加入酸，可以慢慢出现硫单质沉淀。

实验
日落实验

【试剂】
　　硫代硫酸钠、浓盐酸。

【器材】
　　聚光灯、投影幕布（可用白墙代替）。

【步骤】
　　1. 称取硫代硫酸钠 8g，用 400ml 水配成溶液。
　　2. 将溶液倒入 500ml 的平底烧瓶中，放入磁力搅拌器转子，然后将其置于磁力搅拌器上。
　　3. 调节磁力搅拌器与聚光灯的高度，让聚光灯的光线穿过烧瓶肚照射在幕布（或白墙）上，直到看见光线折射形成的光斑为止。
　　4. 开启磁力搅拌器，用滴管在烧瓶中缓慢滴入浓盐酸，可见墙上光斑的颜色从白色变成金黄，再变成橙色，然后逐渐变暗，宛如落日。

　　本实验若想达到最佳观看效果，实验室中最好有可遮光的厚窗帘，或者干脆晚上关了灯做。

【原理】

　　硫代硫酸钠会与酸反应生成硫单质：

$$Na_2S_2O_3 + 2HCl = 2NaCl + H_2O + S\downarrow + SO_2\uparrow$$

　　反应生成的硫单质会对直射的白光产生偏折，使其中短波长的蓝紫光逐渐被散射掉，从而让幕布上的光斑逐渐变黄，继而偏红。这实际上也是夕阳颜色偏红的原因。同时，由于不断生成的硫会逐渐阻挡光线，光斑也会随着变色过程逐渐暗下去。

光亮

　　我们趋向光明，也在探索着让光明久驻的方法，比如本章首页图中流动的夜光漆。夜光漆可以将外界的光"储存"起来，然后缓慢释放。我们为了拍得更清楚而使用了紫外线，却留下了一道不和谐的阴影。

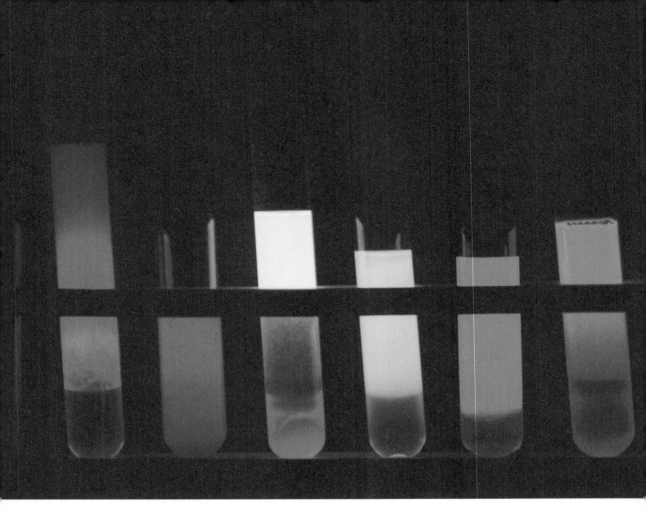

和发光有关的物质

在前一章中，我们实际上已经对发光现象做了一定的说明。物质受到能量激发时会发生电子跃迁，而电子从高能级跃迁回去的时候会释放电磁波。如果释放的电磁波的波长位于可见光范围内，那么物质就会出现发光的效果。所以，在这一部分，我们就来说说经常与"发光"二字绑在一起的物质。

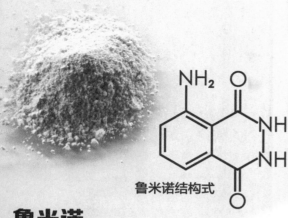

鲁米诺结构式

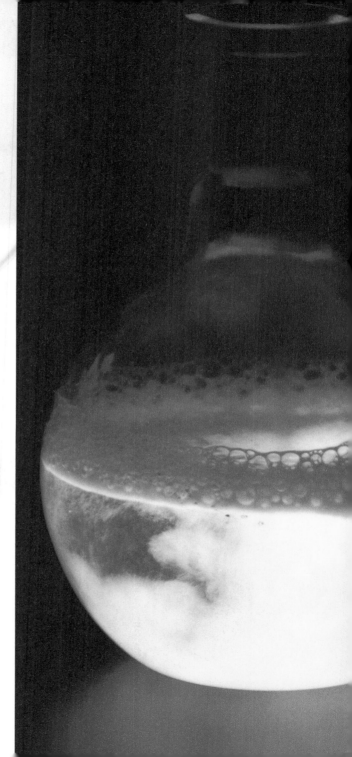

鲁米诺

　　鲁米诺亦被称作鲁米诺尔，音译自它的英文名 luminol。这个词源于法语词汇 lumière（光）所派生出的 luminous（发光的）这个单词，这就不难看出它与光的关系了。而它的俗名发光氨也印证了这一点。鲁米诺的学名叫作 3- 氨基邻苯二甲酰肼，是一种淡黄色的粉末状固体，化学性质相对稳定。如果你常看刑侦故事或者探案类节目的话，就应该对这种物质有一定的印象，因为它在警方查验血迹的时候扮演着很重要的角色。负责检验血迹的警察会拿着一个喷壶在案发现场左喷喷右喷喷，突然发现某个地方亮起了荧光，然后赶紧把警探叫过去——这个痕迹可能会成为指控凶手以及破案的关键性证据。而这个喷壶中装的溶液就是鲁米诺试液，一种用鲁米诺等物质配成的溶液。既然鲁米诺与血液这么"有缘"，那么第一个鲁米诺发光实验就干脆用血液来点亮好了。从这里开始，你会发现和之前的实验相比，这一节中不再提供针对单个实验的原理解释了。这是因为这里提到的几种物质的发光过程非常相似，所以我们会在正文里带领你一步步地了解这些物质的发光原理。

实验
鲁米诺的血之荧光

【试剂】

　　鲁米诺、磷酸钠、过氧化氢30%、血液、蔗糖。

【步骤】

　　1. 称量 0.1g 鲁米诺、15g 磷酸钠和 15g 蔗糖，然后将这 3 种物质均匀地混合在一起，用研钵研细。

　　2. 取一只足够大的烧杯，取 4g 第一步研磨好的粉末，将其溶于 500ml 水中。

　　3. 在配好的溶液中加 1ml 血液，然后摇匀。

　　4. 再取一只烧杯，加入 30~50ml 过氧化氢 30%，然后关灯，将前一步配制好的溶液倒入这个烧杯中，你便会看到在两者触碰的瞬间鲁米诺发出了光芒。

　　粉末之所以需要研磨，是因为其中鲁米诺的量太少，研磨可以确保混合物中各组分的比例相对较为一致，接下来称取的才是每次实验所需要的量。实验中剩余的粉末可以装在瓶中低温保存，在需要的时候随用随取。

鲁米诺试剂对血液非常敏感，它甚至可以被痕量的血液点亮。所以，如果你第二次做这个实验的时候使用了前一次实验中所用的烧杯，基本上在配溶液的时候荧光就亮起来了。这足够证明这个实验的灵敏性，因此它会在刑侦过程中被广泛使用也就不奇怪了。

上个实验里用到的血液中真正起作用的其实是血红蛋白。也就是说，做这个实验时用哪种动物的血液都是可行的。话虽如此，我并不赞成为了自己的兴趣而去伤害其他生命的行为。因此，在这个实验中，我用的是在医院里抽取的自己的血液。当然，如果你也打算尝试做这个实验的话，切勿自己尝试抽血！在没有专业知识以及专业设备的情况下，这么做可能会导致感染或者更加严重的后果。去医院或社区门诊，说明来意，请医护人员帮忙抽血是个不错的选择。抽血用真空管中会含有一定量的抗凝剂或促凝剂，我们需要的是含有抗凝剂的真空管，也就是含有柠檬酸钠（枸橼酸钠）的真空管，这会方便我们在后续实验中的操作。

说了这么多，我们可不可以根据这个原理自己制备一点检验血迹的鲁米诺试液，然后体会一把当侦探的感觉呢？当然可以！

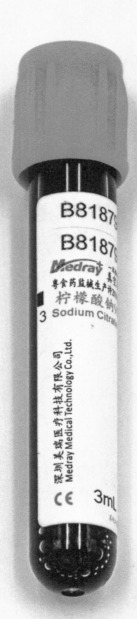

实验
血迹检验

【试剂】

鲁米诺、碳酸钠、过氧化氢 30%。

【步骤】

1. 称取 0.1g 鲁米诺以及 15g 碳酸钠，然后加入 170ml 水配成溶液。

2. 量取 30ml 过氧化氢 30%，加入上一步配好的溶液，搅拌均匀。

3. 找一个小喷壶，将这种溶液装进去，然后在你想要检测的地方喷上一些溶液即可。

> 这种溶液可以检验血迹，但是它和警方用到的试液可不一样。警方用到的鲁米诺试液有独特的配方，可以同时确保稳定性与敏感度，而我们这个溶液则需要随用随制，放太久会失效的。

重新审视这两个实验中配制溶液的过程，共同的部分是溶液中的鲁米诺和过氧化氢，以及用于开启反应的血液。抛开最后的血液，在配制溶液的时候，除过氧化氢和鲁米诺之外，还分别用到了磷酸钠和碳酸钠。那么，这两种物质在实验中的作用是什么呢？结合下一个实验中起相同作用的物质氨水，将这3种物质摆在一起看一下。如果只看磷酸钠和碳酸钠的话，我们就会想到钠盐，而氨水的出现则让我们看到了新的情况：碱性。此外，鲁米诺虽然可以用于检验血迹，但是血液不是点亮鲁米诺的唯一手段。在下一个实验中，我们会把血液换成其他物质，然后来点亮鲁米诺。

实验
幽蓝的硬币

【试剂】

　　鲁米诺、氨水、过氧化氢 30%、铜质硬币。

【步骤】

　　1. 取 0.05g 鲁米诺、50ml 浓氨水、10ml 过氧化氢 30%，将其混合均匀。

　　2. 用水将上述液体稀释至 500ml。

　　3. 将铜质硬币放入稀释好的溶液中，可见溶液与硬币接触的地方发出了蓝色的荧光。

　　除了文中所说的方法外，你还可以像右图这样直接将溶液倒在硬币上，看着它激起一圈蓝色的浪花。

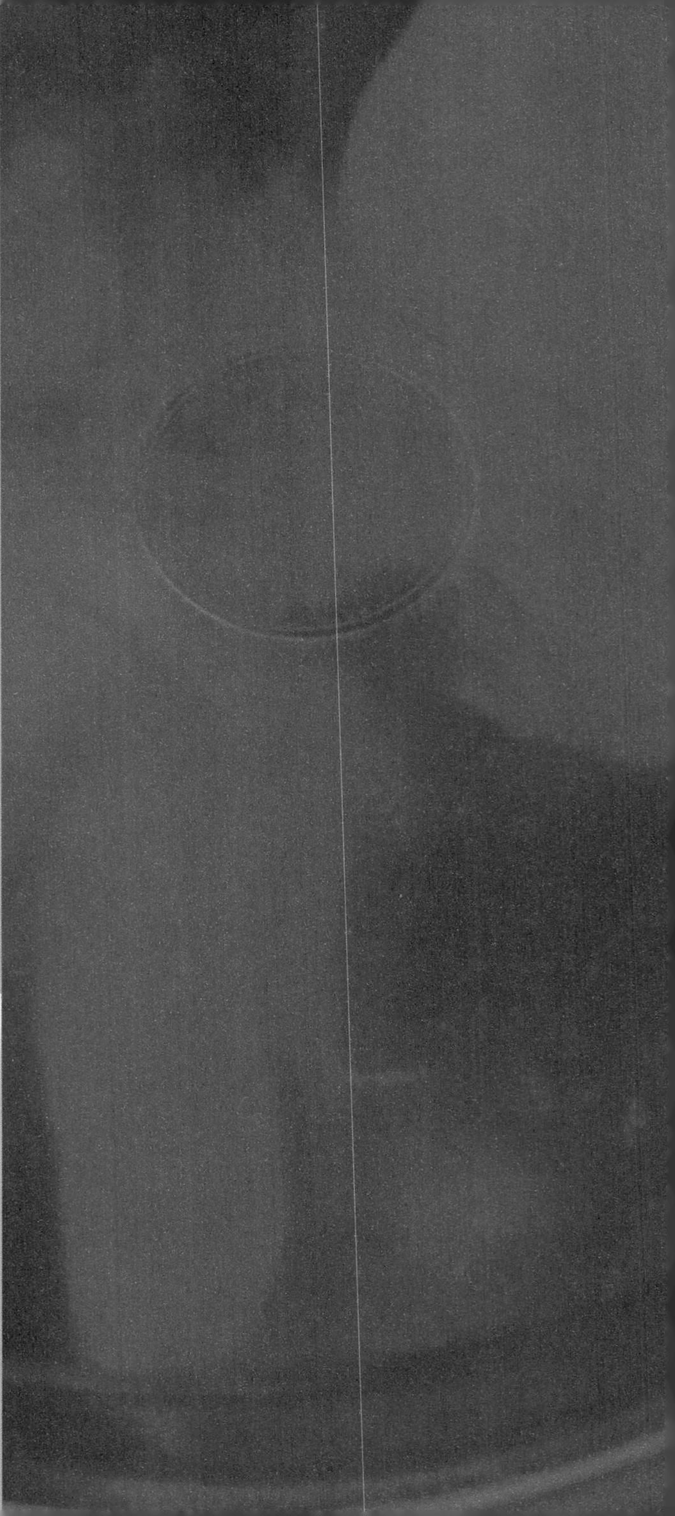

对于鲁米诺的发光过程，大家猜得怎么样了呢？接下来我们就根据这 3 个实验的共同点，总结一下其中的原理吧。鲁米诺之所以能发光，是由于它可以在反应中被氧化，而在这几个实验中，负责氧化鲁米诺的物质是单线态氧。单线态氧就是激发态的氧分子，和普通的氧气相比，它具有更高的能量和更强的氧化性。单线态氧可以来自碱性条件下过氧化氢的分解，所以溶液里首先得有过氧化氢。而由于鲁米诺的溶液是弱酸性的，因此我们需要将它调回碱性，之前实验中的磷酸钠、碳酸钠和氨水起到的都是这个作用。再者，就是分解过氧化氢。血液中的血红蛋白就可以分解过氧化氢，而铜、浓氨水和氧气反应生成的少量氢氧化四氨合铜在这里也起到了相同的作用。

总结一下，让鲁米诺发光的过程如下。

- 将鲁米诺溶于水，此时溶液呈酸性
- 加入一种碱性物质，将溶液调回碱性
- 加入过氧化氢，等待分解
- 加入一种适当的物质，分解过氧化氢
- 过氧化氢分解出的单线态氧氧化鲁米诺
- 鲁米诺被氧化，发出蓝色荧光

这便是鲁米诺的发光原理。当你熟悉了这套原理之后，相信你也可以设计出新的鲁米诺发光实验。

关于鲁米诺发光的补充说明

如果将这个过程用化学方程式表示出来，那么首先鲁米诺和碱会生成两种负二价的共振结构：

接着，过氧化氢提供的单线态氧会将其氧化，生成激发态的新物质：

最后，激发态分子落回基态，释放出光子：

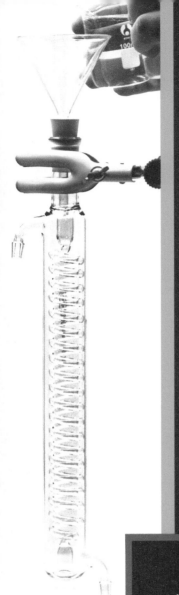

实验
鲁米诺的化学发光

【试剂】

鲁米诺、氢氧化钠、过氧化氢 30%、铁氰化钾。

【步骤】

1. 称取 1g 氢氧化钠溶于 50ml 水中，待其完全溶解后加入 0.1g 鲁米诺，然后将溶液稀释到 400ml。将该溶液取名为溶液 A。

2. 将 1.5g 铁氰化钾溶于 400ml 水中，然后加入 10ml 过氧化氢 30%，将该溶液取名为溶液 B。

3. 混合 A、B 两种溶液，即出现鲁米诺标志性的蓝色荧光。此时，若加入少量固体铁氰化钾，则可以使荧光增强。

这个实验里用蛇形冷凝管纯属是为了好看。网络上的一张比较热门的鲁米诺荧光图用的也是蛇形冷凝管，因此这里用它还隐含有"原理解密"的意思。

警 告

本实验所用容器在洗涤的时候绝对不能加酸！如果洗涤时溶液中的过氧化氢已经耗尽，那么铁氰化钾有可能在酸的作用下生成剧毒气体，从而带来致命的危险！

双草酸酯的彩色荧光

【试剂】

双（2,4,5- 三氯水杨酸正戊酯）草酸酯、邻苯二甲酸二丁酯、叔丁醇、过氧化氢 30%、荧光染料。

常见荧光染料及其发光颜色表

罗丹明 B	红色
红荧烯	黄色
曙红 Y	黄色
9,10- 二苯乙炔基蒽	绿色
9,10- 二苯基蒽	蓝色
红荧烯 +9,10- 二苯基蒽	白色

【步骤】

1. 将一定量的双（2,4,5- 三氯水杨酸正戊酯）草酸酯溶于邻苯二甲酸二丁酯，用水浴加热配成溶液，然后冷却至室温。

2. 将叔丁醇与过氧化氢 30% 按照体积比 1：1 进行混合。

3. 将前两步制备的两种溶液等体积混合，然后加入少量荧光染料，你便会看到溶液发出了对应颜色的光。（右图使用的荧光染料分别为罗丹明 B、曙红 Y 与 9,10- 二苯基蒽。）

双草酸酯

什么是双草酸酯呢？我们先来说一说酯。在有机化学的世界里，每个羧酸都有至少一个羧基，而羧基都可以通过反应变成一个酯基。草酸又叫乙二酸，它的结构是两个羧基头对头。如果它要形成酯的话，则可以把两个羧基同时变成酯基，这就是双草酸酯。

除了鲁米诺可以被直接氧化发光以外，发光还可以来自间接氧化，而双草酸酯就可以做到这一点。在这里，我们用到的双草酸酯是读起来超级拗口的"双（2,4,5- 三氯水杨酸正戊酯）草酸酯"，它是由两分子 2,4,5- 三氯水杨酸正戊酯与一分子草酸反应得来的。那么，我们该让它如何参与到发光实验里呢？往下看吧！

警 告

双（2,4,5- 三氯水杨酸正戊酯）草酸酯和邻苯二甲酸二丁酯有毒，大部分荧光染料都具有致癌性，因此所有相关试剂的取用都要格外小心。

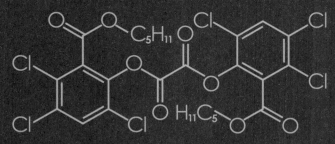

双（2,4,5-三氯水杨酸正戊酯）草酸酯结构式

　　这个实验的核心同样是一个氧化过程。这一次氧化剂虽仍是过氧化氢，但被氧化的不再是鲁米诺，而变成了那个学名超长的双草酸酯。关键就在这里！根据相关文献中的预测，这种酯在被氧化的时候会出现一个很特殊的中间体：二氧杂环丁二酮（该分子目前只存在于理论中，尚未被观察到或分离过）。这个中间体在分解的时候会释放能量，正好可以供给荧光染料。而荧光染料则是一类可以在特定条件下发出荧光的物质，二氧杂环丁二酮分解时的能量正好可以将它点亮。

　　另外，实验中的邻苯二甲酸二丁酯用作溶剂溶解了双草酸酯，但是它和过氧化氢中的水不互溶，而这里的叔丁醇负责把这两种液体结合起来。所以，整个实验的反应过程如下：

> 邻苯二甲酸二丁酯和叔丁醇
> 给整个反应提供了合适的反应环境

> 过氧化氢开始氧化
> 双（2,4,5- 三氯水杨酸正戊酯）草酸酯

> 双（2,4,5- 三氯水杨酸正戊酯）草酸酯
> 被氧化后生成中间体二氧杂环丁二酮

> 二氧杂环丁二酮分解，释放出能量

> 荧光染料被能量激发，落回基态时发光

　　将这个过程写为化学方程式的话，首先双（2,4,5-三氯水杨酸正戊酯）草酸酯被过氧化氢氧化，生成二氧杂环丁二酮和 2,4,5-三氯水杨酸正戊酯：

　　接着，二氧杂环二丁酮分解释放能量，激发荧光染料：

　　最后，激发态的荧光染料落回基态，放出光芒。根据这个原理，也就不难给这个实验找一些替代品了。从双草酸酯下手的话，可以找到双（2,4,6-三氯苯基）草酸酯、双（2,4-二硝基苯基）草酸酯，等等。而从生成的那个中间体的角度考虑的话，还有草酰氯。挥发性的草酰氯在特定条件下可以产生非常漂亮的效果，不过草酰氯有剧毒，一般人最好不要尝试。

　　顺带一提，这两页的图为本实验所用溶液在混合之前的样子，这种类似熔岩灯的效果还是非常独特的。

此外，上面那几个名字超长的东西实际上是有简称的，邻苯二甲酸二丁酯可以简称为 DBP，双（2,4,5- 三氯水杨酸正戊酯）草酸酯可以简称为 CPPO，还有可以简称为 TCPO 的双（2,4,6- 三氯苯基）草酸酯和简称为 DNPO 的双（2,4- 二硝基苯基）草酸酯等。我在前面没用这些简称是因为这个实验的原理本来就比较难懂，这时候如果直接写成 CPPO 的话，不清楚的读者会以为是什么手机的山寨机呢……

　　这个实验有什么用呢？估计不用我说你也能猜到，就是用来做荧光棒。在制作荧光棒的时候实际上把上面实验中的两种液体分开装进了两个管中——内部的玻璃管和外部的塑料管。你在把荧光棒掰亮的时候，实际上是隔着塑料管掰碎了里面的玻璃管，混合了两种液体，从而引发了这个反应。不过比起这个实验来说，荧光棒可便宜多了，做这个实验花的钱足够买一大盒子荧光棒。

　　接下来，我们去会一会在这两组实验中都大放异彩的物质——过氧化氢。

实验
单线态氧的红光

【试剂】

浓盐酸、高锰酸钾、氯化钠、氢氧化钠、过氧化氢 30%。

【步骤】

在通风橱内按照右图搭建实验装置。

1. 配制氯化钠饱和溶液，将其加入中间的洗气瓶中，洗去浓盐酸挥发出的氯化氢气体。使用饱和氯化钠溶液是因为氯气在饱和氯化钠溶液中的溶解度较低。

2. 在最右侧的大烧杯中加入一定量的过氧化氢 30%，并用氢氧化钠将其调成强碱性溶液。注意，这个过程会造成过氧化氢的加速分解，所以要尽快进行后续步骤。此外，过氧化氢的剧烈分解可能会造成溶液溢出烧杯，因此可以在此之前做好应对措施。

3. 在左侧的气体发生装置中加入一定量的浓盐酸，然后加入高锰酸钾，迅速塞住塞子，并将导气管末端伸入右侧烧杯的碱性过氧化氢溶液中，将生成的氯气通入此溶液。此时关灯，即可看到溶液中闪耀的红光了。

过氧化氢

过氧化氢可不是什么稀罕物，医院就常常用 3% 的过氧化氢给病人清洗伤口。和医院中所用的过氧化氢不同的是，化学实验中用到的过氧化氢的浓度一般都是 30%。该浓度的过氧化氢直接接触皮肤的话，会导致皮肤变得惨白，还会伴有刺痛，足以让你立刻惊慌失措。然而事实是，这种看似可怕的场面通常并不会造成什么伤害，而且一般人在第一次接触 30% 的过氧化氢的时候都会中招。发生了这种情况之后，赶快用水洗掉残留的过氧化氢，接着只要等几小时就没问题了。

前面的所有发光实验中都出现了过氧化氢的身影，那么过氧化氢究竟有什么独特的本领，能将自己和这些发光实验牢牢地绑在一起呢？实际上，这一点在介绍鲁米诺实验原理时就提到过一次，就是单线态氧。

除了实验中的方法以外，制备氯气还可以采用浓盐酸和二氧化锰混合加热的方式。该方法比实验中提到的方法更为规范且更加温和可控。此外，在无通风橱的情况下可将大烧杯换成大号洗气瓶，并在整个装置的最后接入尾气吸收装置。

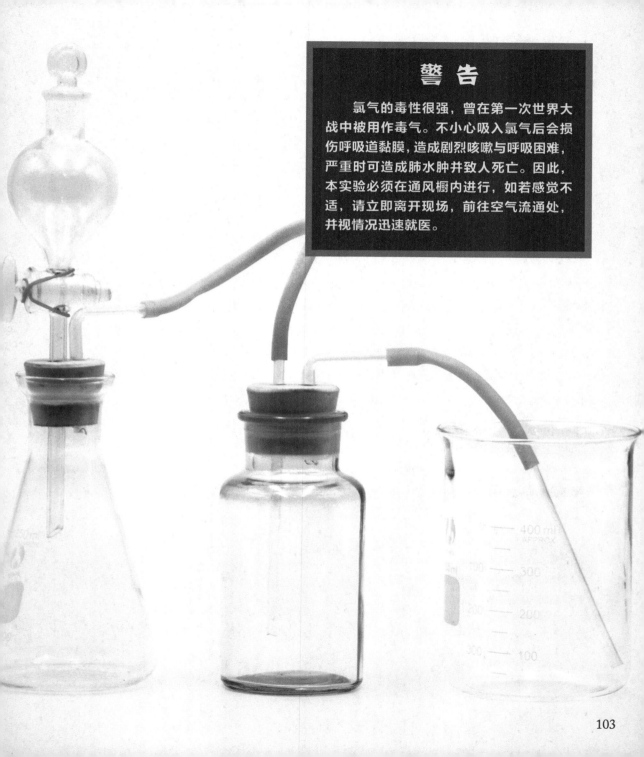

警 告

　　氯气的毒性很强，曾在第一次世界大战中被用作毒气。不小心吸入氯气后会损伤呼吸道黏膜，造成剧烈咳嗽与呼吸困难，严重时可造成肺水肿并致人死亡。因此，本实验必须在通风橱内进行，如若感觉不适，请立即离开现场，前往空气流通处，并视情况迅速就医。

在这个实验中，我们可以看到溶液中氯气经过的地方发出了红色荧光，这种荧光便来自溶液中出现的单线态氧。

前面提到过，单线态氧就是激发态的氧分子，由于其能量比普通的氧分子更高，它有着更强的氧化性。但是，如果没有可以被它氧化的东西呢？这个能量自然会被释放出去。结合"色彩"一章中所介绍的内容，这里释放出去的能量是电磁波，这就不难看出，这里的红光正是由激发态的氧分子在降回基态时发出的了。关于氯气在这个实验中的作用目前有两种说法，在此介绍其中的一种。在这个实验中，氯气与过氧化氢反应的时候，氯气会在瞬间将过氧根离子氧化为超氧根离子，而接下来超氧根离子只要再失去一个电子便会有 2/3 的概率产生单线态氧，而这 2/3 的单线态氧也就成为了红光的来源。

前文在鲁米诺的发光原理中提到了单线态氧的作用，而上一个实验又让大家直接看到了单线态氧发光的场面，接下来我们干脆来做个实验，确定一下单线态氧能不能直接点亮鲁米诺吧。

关于氯气作用的补充说明

这里说一下氯气通入碱性过氧化氢溶液中产生单线态氧的另一种理论假设，这个说法用一种不同的方式解释了整个过程，相对于正文里介绍的更难理解一些，大家可以自行比较两种理论的思路，并酌情接受。

第一步：氯气和氢氧根离子反应生成氯离子、次氯酸根离子和水：

$$Cl_2 + 2OH^- = Cl^- + ClO^- + H_2O$$

第二步：次氯酸根离子和过氧化氢反应生成过氧次氯酸根离子和水：

$$ClO^- + H_2O_2 = ClOO^- + H_2O$$

第三步：过氧次氯酸根离子分解，生成单线态氧和氯离子：

$$ClOO^- = O_2^* + Cl^-$$

实 验
单线态氧的蓝光

【试剂】

　　浓盐酸、高锰酸钾、氯化钠、氢氧化钠、过氧化氢 30%、鲁米诺。

【步骤】

　　搭建和上个实验一样的实验装置。

　　1. 配制氯化钠饱和溶液，并将其加入洗气瓶中，洗去浓盐酸挥发出的氯化氢气体。使用饱和氯化钠溶液是因为氯气在其中的溶解度较低。

　　2. 在装置的大烧杯中加入一定量的过氧化氢 30%，并用氢氧化钠将其调成强碱性溶液，然后加入 0.1g 鲁米诺。注意，这个过程会造成过氧化氢的加速分解，所以要尽快进行后续步骤。此外，过氧化氢的剧烈分解可能会造成溶液溢出烧杯，因此应在此之前做好应对措施。

　　3. 在左侧的气体发生装置中加入一定量的浓盐酸，然后加入高锰酸钾，迅速塞住塞子，并将导气管末端浸入上一步配好的碱性过氧化氢溶液中，将生成的氯气通入溶液中，观察现象。

　　没有任何问题，这一次烧杯中发出了属于鲁米诺的蓝光。这一次单线态氧的能量并没有以电磁波的形式释放出来，而是直接氧化了鲁米诺，从而发出了蓝色的光。

警 告

　　氯气的毒性很强，曾在第一次世界大战中被用作毒气。不小心吸入氯气后会损伤呼吸道黏膜，造成剧烈咳嗽与呼吸困难，严重时可造成肺水肿并致人死亡。因此，本实验必须在通风橱内进行，如若发生不适，请立即离开现场，前往空气流通处，并视情况迅速就医。

这个实验使用大容器的原因是实验过程中会出现暴沸现象，因此请提前做好应对准备。

实验
红与蓝的双色荧光

【试剂】

氢氧化钠、鲁米诺、碳酸钾、邻苯三酚、过氧化氢 30%、甲醛 40%。

【步骤】

1. 用 40ml 水将 0.8g 氢氧化钠、0.005g 鲁米诺、25g 碳酸钾和 1g 邻苯三酚配成溶液。此步要求各溶质完全溶解后再进行下一步，因此可以视情况选择使用磁力搅拌器进行辅助操作。

2. 在上一步配制的溶液中加入 10ml 的甲醛 40% 并搅拌均匀，然后将其转移至 1L 以上的大烧杯中。关灯，加入 40ml 过氧化氢 30%，观察现象。

警告

甲醛有毒，对皮肤、黏膜具有刺激作用，是众多疾病的诱因，同时具有致癌作用和轻微的生殖毒性。因此，一定要在通风条件良好的环境下使用。如有不适，请迅速离开现场至空气流通处。邻苯三酚有毒且可被皮肤吸收，使用时一定要做好安全防护。

烧杯中首先会出现红光，10 秒左右后溶液开始沸腾，同时红光变暗转为蓝光。

比起前面的几个实验，这个实验的原理可以说是环环相扣。由于其中会涉及一些有机反应的反应机理，为了便于理解，这里的解释会做出适当的简化。

在开始的红光阶段，过氧化氢与其分解的氧气会同时开始氧化溶液中的邻苯三酚和甲醛，将邻苯三酚氧化成一个大分子醌，并将甲醛氧化成二氧化碳和水。在这个过程中会产生单线态氧。在接下来的蓝光阶段，前两种物质被消耗得差不多了，单线态氧把氧化重点转回到了鲁米诺上。

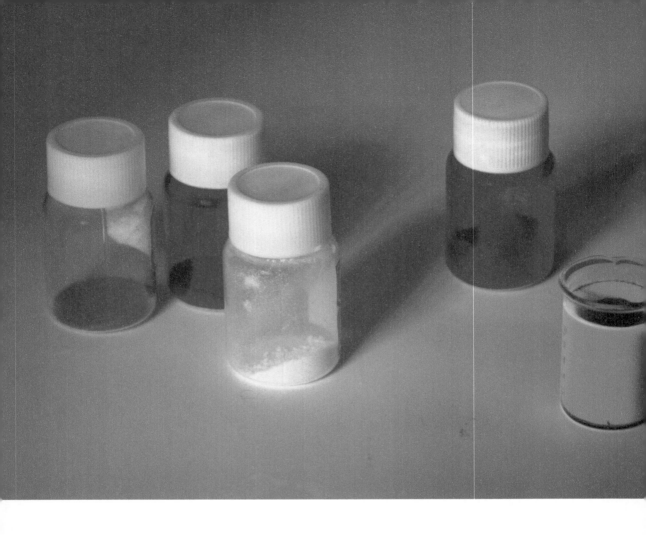

有发光现象的实验

　　所有化学反应都会涉及能量的变化，而发光实验指的则是反应释放的大多数能量变成光的实验。这说着轻巧，想实现可不容易，因为诸多条件都会对此造成巨大的影响。这样筛选下来之后，你会发现发光实验的参与者集中在了上一节介绍的那些物质上。而在这一节中，我们再来介绍几个发光实验。不同于之前的特定物质，这些情况属于各种条件"赶巧"了所造成的结果。

结构上的巧合

正如在前面的"色彩"一章中提到的，不同的物质会有不同的色彩是由于它们在微观结构上存在差异，化学反应发生后，由于分子发生了变化，就会出现诸如变色之类的现象。那么，把这个思路套到发光实验中来，能不能通过物质、结构的细微变化，产生发光的效果呢？

在右侧所述的这个实验中，我们将会很明显地看到物质结构的变化对实验的影响。原本在紫外线下不会被激发出可见光的结构，在发生了细微变化之后，出现了恰好可以被激发出可见光的轨道，从而发出了荧光。然而，这种情况还是很罕见的，所以这个实验的现象完全可以说是一个巧合。

实验
简易发光

【器材】

　　紫外光灯、研钵。

【试剂】

　　六水合溴化镁、氯化亚锡。

【步骤】

　　1. 为便于观察发光现象，尽可能营造一个纯黑的环境。如使用遮光帘挡住窗户，使用无窗户的房间，或者干脆在晚上关了灯做实验。

　　2. 将 1g 六水合溴化镁用研钵研碎，然后加入少量氯化亚锡粉末继续研磨。然后用紫外光灯照射粉末，片刻之后即可看到金黄色荧光。如果想要对比反应前后的差别，可以将紫外光灯全程开启。

警 告

有些人会对氯化亚锡过敏，因此最好做一些必要的防护措施，防止氯化亚锡与皮肤、黏膜接触而发生过敏反应。

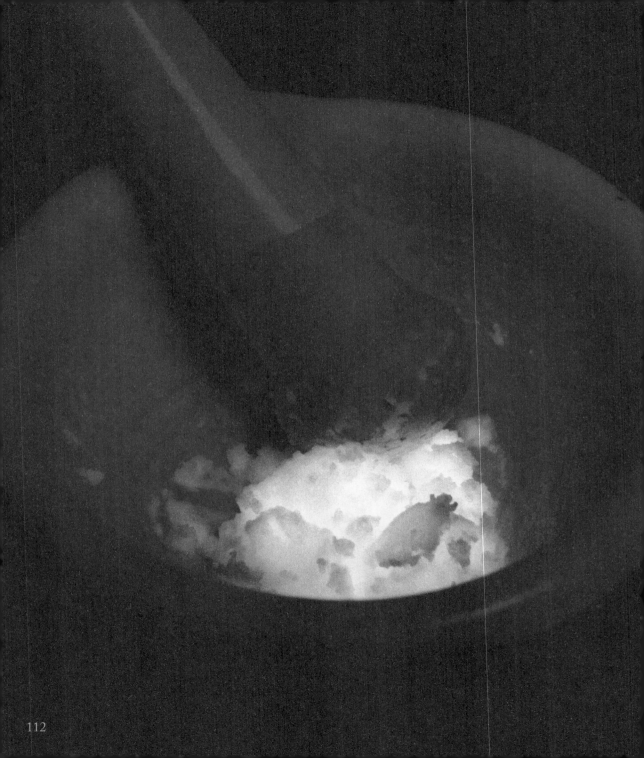

这个实验的重点在于六水合溴化镁。和无水溴化镁相比，六水合溴化镁具有特别的晶体结构，而这个结构在研磨之后也不会受到太大的破坏，反而可以增加与氯化亚锡粉末的接触面积。两者混合后继续研磨，除了让粉末变得更细以外，还让一部分亚锡离子嵌入了六水合溴化镁的晶体缺位，而这种新的晶体结构在受到紫外光激发时便出现了特定颜色的发光现象。

荧光和磷光

这一章到目前为止，我们都在讲所谓的"发光"，而且文中还大量地出现了"荧光"这个词。然而在化学上对于发光的专业说法，除了荧光之外还有一个词，叫作"磷光"。先来认识一个词：余辉（不要写成余晖）。以最通俗的说法来解释的话，余辉就是物质在受到激发之后发出的光，而荧光和磷光的区别就是余辉持续时间的长短。荧光在激发停止时几乎瞬间熄灭，磷光则能在激发停止后持续一段时间。当然，这个说法是针对单个分子的。在之前的所有荧光实验中，虽然一杯溶液能亮好几分钟，但那建立在大量分子被不断激发的前提之下，能量一旦耗尽，发光便戛然而止。对于磷光，最好的例子就是目前市面上的长余辉材料，如右图所示。在众多分子的共同作用下，这种材料在使用时用灯照一下就能在接下来的很长一段时间内持续发光。

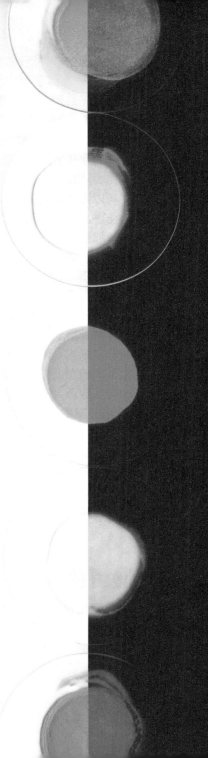

在磷光现象被广泛研究之前，人们只能利用对于荧光的一点点了解来满足生产生活中的需要。由于荧光必须在不断激发下才能持续发光，因此那时的荧光粉都含有放射性元素，比如钷和镭。这种荧光粉在 20 世纪初曾被广泛应用，诸如夜光仪表盘和发光的手表指针，甚至还有一些化妆品也会添加这些物质。然而，这些放射性物质除了可以激发荧光物质以外，还会对人体造成极大的伤害。好在现在的荧光粉利用了磷光现象，不再掺有那些放射性物质了。

看到这，相信大家对荧光和磷光也有了新的认识。荧光和磷光都是物质在被激发时发出的光，但二者的不同点在于激发停止时，荧光会直接熄灭，而磷光还能亮一会儿。除此以外，还有一个小问题需要在这里说明一下，就是"磷光"这个名字是怎么来的。磷光之所以叫磷光，是因为这种现象首次被发现并开始研究是基于一种俗称磷光石的特殊岩石，而并非网络上以及其他一些图书中所说的白磷。这个"磷光"之所以被搞混，是因为除了文中提到的这个极其专业的含义以外，该词在文学作品中还有另外一个意思，就是白磷发出的光。所以，两边一杂糅，就有一大批人被绕晕了。不过嘛，虽然白磷可以发光，但它的发光原理并不是磷光，而是缓慢氧化。

缓慢氧化

缓慢氧化是与上面完全不同的一种发光方式，硬要说的话，它和鲁米诺的发光有点像，但原理完全不同。鲁米诺需要比较复杂的环境才能发光，而这里要说的缓慢氧化则简单得多。我们先来看实验吧。

实验
氧化发光

【试剂】

四（二甲氨基）乙烯。

【步骤】

1. 取少许四（二甲氨基）乙烯，将其放置于小烧杯中待用。

2. 在铁盘中放入一张滤纸，然后用滴管取用一些四（二甲氨基）乙烯将其润湿，观察现象。

【原理】

四（二甲氨基）乙烯在空气中会与氧反应。在这个过程中，一分子四（二甲氨基）乙烯会被氧化为两分子四甲基脲。这两个四甲基脲分子中的一个在生成的瞬间处于激发态，当它降回基态的时候，便产生了发光现象。

警 告

四（二甲氨基）乙烯高度易燃，取用时要格外小心，应确保本实验在通风良好的环境中进行，并准备好灭火器以随时应对突发情况！此外，在实验的最后阶段滤纸将发生燃烧，请做好相应的准备工作。

乙烯相同的一点是白磷高度易燃。白磷的燃点只有40℃，这也导致它在炎热的夏季可以轻易发生自燃，因此白磷平常必须保存在冷水中。

好了，接下来我们来说说这个"缓慢氧化"。剧烈氧化指的是物质的燃烧，而缓慢氧化通常指诸如生锈之类的过程。不管是缓慢氧化还是剧烈氧化，这个过程都是要释放能量的。化学反应中的能量通常会以热能的形式释放出来，而这个载体就是电磁波。我们在"色彩"一章中说过，波长为760nm~1mm的电磁波被称为红外线，红外线所造成的热效应就是反应放出的热量。换句话说，氧化过程中产生的能量几乎全部以电磁波的形式释放了出来。由于大部分都属于红外线，因此这些反应全部出现了放热现象。

在极少数的反应中，能量会以紫外线或者可见光的形式释放。这一类反应非常罕见，它们中的绝大多数发出的光除了在精密分析的图谱上有表现以外，甚至根本不会对人有任何的感官刺激。不过凡事无绝对，假如某个反应在一定时间内发出的可见光非常强，这种光就很容易被人眼捕捉到。那么如何增大一定时间内可见光的量呢？我们需要氧化过程释放的能量足够多，即这种物质更容易被氧化。实验中的四（二甲氨基）乙烯和刚刚提到的白磷都有一个特殊的性质，就是高度易燃。再结合它们能够发出可见光的性质，便出现了缓慢氧化所造成的发光现象，所以说那些能够在缓慢氧化过程中发光的物质还是很神奇的。

值得一提的是，由于四（二甲氨基）乙烯本身的性质，此处未能提供与实验相符的图片。图片中所示的是以相同原理发光的白磷固体。白磷，又称黄磷，它的外观通常是半透明白色固体或者黄色蜡状固体。白磷有剧毒，而且可以通过皮肤被人体吸收，因此在取用时要格外小心。与四（二甲氨基）

由光照开启的反应

　　光是电磁波，而电磁波具有能量。正如前两节介绍的那些实验一样，化学反应在释放能量的同时，如果能量是以光的形式释放出来的，那么体现在宏观世界中就是这个实验可以发光。然而反过来想，化学反应不是都会释放能量。既然有的化学反应可以通过释放能量进行，那么当然也有化学反应可以通过吸收能量进行。这也就是这一节所说的由光照开启的反应。

拍照与洗照片

　　对啊，仔细想想的话，可以通过光照实现的化学反应中最常见的不就是洗照片吗？只不过在这个手机、数码相机流行的时代，胶片这种东西并不是那么容易被想起来，而且很多人也不清楚胶片感光是一个化学过程。我们干脆先通过一个实验确定一下光照可以引发反应这个事实。

　　在这一节的实验中，我们不妨多准备一些处理好的底片、打印出的菲林片或者镂空的字和图案，用于在实验中进行不同效果的显影。

实验
氯化银显影

【试剂】

氯化钠、硝酸银、阿拉伯胶。

【步骤】

本实验的准备工作应尽可能在较暗的环境中进行，以确保反应产物受到较少的光照。

1. 将阿拉伯胶用热水配成黏稠的溶液待用。

2. 制备氯化银。称取一定量的氯化钠和硝酸银（氯化钠稍过量），然后将两者分别配成溶液，混合后得到白色的氯化银沉淀，接着将溶液上层的清液倒掉。

3. 将配好的阿拉伯胶溶液倒入上一步制好的氯化银沉淀中，将沉淀物调成糊状。

4. 视量的多少把上一步的糊状物薄薄地平铺在若干个培养皿的底部，然后在完全不见光的地方将这些培养皿阴干（可以考虑用不透明容器将它们盖起来）。

5. 在上一步阴干的培养皿上铺好底片或者镂空的字（或图案），然后放在太阳底下曝晒（或像左图一样，将其放在一盏大功率灯下进行曝光），约 20 分钟后取下，即可看到氯化银上留下的印记。

阿拉伯胶的作用仅仅是将沉淀物调成糊状，让氯化银能聚在一起。如果没有阿拉伯胶的话，也可以用具有类似效果的物质代替。此外，在阴干过程中如果晾得太干的话，会导致胶基开裂起皮。这点只能凭运气和经验，并没有太好的解决方法。

由此可见，光的确可以引发反应。而氯化银也是人们最早发现的可以见光分解的物质之一。然而就算氯化银可以见光分解，这个速度也实在太慢了，很难得到实际应用。因此，人们又发现了具有相同效果的溴化银和碘化银——这也是早期的胶片中真正负责感光的主要物质。胶片中图像的细腻程度与这些感光粉末研磨的细腻程度有着直接关系，粉末研磨得越细，最后得到的图像质量就越高，而磨细的粉末在放大的情况下还是可以看到的，这便是所谓的"胶片颗粒"。

接下来我们来做一种可以在光照下变色的颜料，然后用光作画。

【原理】
　　氯化钠和硝酸银会发生复分解反应，生成白色的氯化银沉淀：

$$NaCl+AgNO_3 \xlongequal{\quad\quad} NaNO_3+AgCl\downarrow$$

　　而氯化银会在光照下发生分解，生成氯气和黑色的银单质：

$$2AgCl \xlongequal{\text{光照}} 2Ag+Cl_2\uparrow$$

气相二氧化硅又叫白炭黑，是一种常见的液体增稠剂。与普通二氧化硅相比，它更细腻，而且密度更小。此外，这里的表面活性剂可以考虑曲拉通 X-100，即聚乙二醇对异辛基苯基醚。

实 验
用光作画

【试剂】

硝酸铁、草酸、铁氰化钾、气相二氧化硅、表面活性剂。

【步骤】

本实验尽可能在较暗的环境中进行，以确保反应产物受到较少的光照。

1. 称取 1.2g 硝酸铁用 100ml 水溶解配成溶液，称取 0.8g 草酸用 100ml 水溶解配成溶液；称取 0.3g 铁氰化钾用 10ml 水溶解配成溶液。

2. 将 3 种溶液混合，然后加入 15g 气相二氧化硅和 3ml 表面活性剂，将其搅拌成较为黏稠的糊状，这便是可以在光照下变色的颜料。

3. 可以将这种颜料涂在平面上，然后用强光或者蓝色激光在上面作画，被光照到的地方会变蓝。也可以参照前一个实验，用底片或镂空图案对其进行曝光。

【原理】

三价铁离子会和草酸发生配位反应，生成三草酸合铁酸根离子，而该离子会在光照下发生分解，同时三价铁也会被还原为二价：

$$2[Fe(C_2O_4)_3]^{3-} \xrightarrow{\text{光照}} 2Fe^{2+} + 5C_2O_4^{2-} + 2CO_2\uparrow$$

二价铁与铁氰化钾反应，生成蓝色的普鲁士蓝：

$$3Fe^{2+} + 2[Fe(CN)_6]^{3-} \xrightarrow{} Fe_3[Fe(CN)_6]_2\downarrow$$

实验
自制晒像纸

【用品】

防水照片纸或厚水彩纸、刷子。

【试剂】

柠檬酸铁铵、铁氰化钾。

【步骤】

1. 取 25g 柠檬酸铁铵及 12g 铁氰化钾，分别用 100ml 水配成溶液，用棕色瓶封装后避光静置 24 小时后使用。

2. 在光线较暗的室内，取少量上述两种溶液等体积混合，然后用刷子快速且均匀地刷在纸上，并将处理好的纸在黑暗处晾干。

3. 可以准备用做好的纸晒像了。和之前的几个实验一样，我们可以使用底片或镂空图案进行显影。夏季通常在太阳光下晒 20 分钟即可达到目的，冬季则需要数小时。

4. 在显影完成之后，我们进行定影。用清水洗掉晒好图案的纸上的残留物即可。

【原理】

本实验的原理和上一个实验"用光作画"类似，只不过把草酸换成了柠檬酸铁铵而已。以下是柠檬酸铁铵受到光照后，三价铁变成二价铁的方程式：

$$2Fe^{3+} + R_2-C(OH)-COO^- \xrightarrow{\text{光照}}$$
$$2Fe^{2+} + R_2-C=O + H^+ + CO_2\uparrow$$

$$(R = -CH_2-COO^-)$$

在晒像过程中起主要作用的是阳光中的紫外线，所以阳光不充足时也可以考虑用紫外光灯进行实验。

至此，可以被光照引发的反应我们已经做了两个。在第一个实验中，白色的氯化银可以在光照下变黑，而在第二个实验中，绿色颜料可以在光照条件下变蓝。不过紧跟着问题也就来了，我们在这两个实验中得到想要的影像之后，没法将它固定下来，因为环境中的光会影响没有变色的其他部分，从而使得整个画面最终都会变色。如果想要做到定影，我们可以看看接下来的实验。

由于溶液会和金属发生反应，因此使用的刷子绝对不能带有金属！此外，也可以用小喷壶将这种溶液喷在纸上，这样可能会因为喷涂得不均匀反而获得星星点点的特殊效果。

实验室的魔法手册

Experiment Book of Chemillusionist

怎么样，经过这个实验之后是不是就有自己洗照片的感觉了？这就对了。这个实验中使用的显影方法是最早用于照相工业的，被称作"蓝晒法"。而此后派生出的多种涉及普鲁士蓝的显影方法，都是改进自这种方法。同时，这也是在复印机还没发明时的一种复制工程图的方法，制图师将图画在半透明的硫酸纸上，然后用这种方法进行复制，因此这些工程图也就具有了"蓝图"的说法。

最后，再来看一个光照变色过程可逆的实验吧。

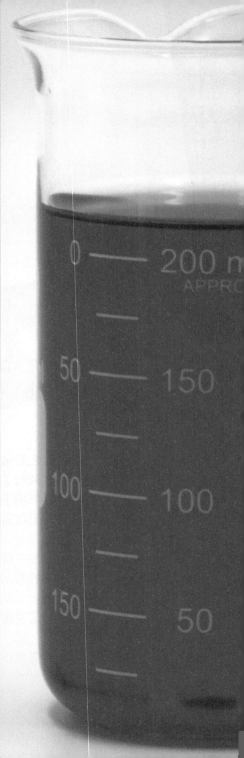

实验
光与噻嗪染料

【器具】
　　聚光灯。

【试剂】
　　去离子水、稀硫酸 20%、硫酸亚铁、劳氏紫（硫堇）、铝箔。

【步骤】
　　1. 称取 2g 硫酸亚铁，用 500ml 去离子水配成溶液，然后取其中的 480ml。加入 0.1g 劳氏紫、10ml 去离子水以及 10ml 稀硫酸。
　　2. 将上述溶液连同容器一起用铝箔包裹起来，放置 24 小时。
　　3. 用聚光灯照射溶液，溶液会在光照下褪色，撤掉光源后溶液的颜色逐渐恢复。

【原理】

　　如以下方程式所示，劳氏紫的阳离子在光照下被二价铁离子还原为右侧的无色结构，在避光的条件下又被生成的三价铁离子重新氧化为左侧的有色结构，而整个变化过程中的氢离子则由溶液中的硫酸提供。

氢气可以通过金属与酸的反应制取，并用向下排空气的方法或排水法进行收集。由于氢气的密度远小于空气，因此收集氢气的集气瓶在收集完毕之后需要口朝下放置，以防氢气逸出。

【试剂】

氢气、氯气、镁条。

【步骤】

1. 将氢气和氯气分别灌入两个相同大小的集气瓶中，并用塑料片盖好集气瓶瓶口。

2. 将两个集气瓶口对口放置，抽掉塑料片，不断颠倒集气瓶，将两种气体混匀，然后插回塑料片，将两个集气瓶分开放置。

3. 点燃镁条并靠近集气瓶，对混合物进行强光照射，可见瓶中的混合气体发生了反应。此过程可能会炸飞塑料片。

【原理】

氢气和氯气在光照条件下生成氯化氢：

$$H_2 + Cl_2 \xrightarrow{光照} 2HCl$$

条件是光

除了这些与成像联系紧密的实验之外，当然也有一些需要光作为反应条件，但与成像没啥关系的实验，就比如下面介绍的两个实验。由于这两个实验都需要氯气，因此我们介绍一下氯气的制备方法。氯气的标准实验室制备方法是加热浓盐酸与二氧化锰的混合物，该方法的特点是氯气的生成速度较为平缓，易于控制，便于收集，反应的方程式如下：

$$4HCl_{(浓)} + MnO_2 \xrightarrow{加热} MnCl_2 + 2H_2O + Cl_2\uparrow$$

制备氯气的另一种方法就是我们在本章中"和发光有关的物质"一节最后的几个单线态氧实验中用到的浓盐酸与高锰酸钾的反应。这种方法虽然不需要加热，但是它产生氯气的速度较快，难以控制，不便于收集，因此在这两个实验中不推荐这种方法。当然，最后一种方法就是直接买现成的钢瓶装的氯气，有条件的实验室可以考虑。

警 告

本实验中用于盖集气瓶瓶口的东西必须是塑料片，而不能是玻璃片！因为本实验可能发生爆炸，如果用玻璃片，则容易造成危险。此外，氯气的毒性与氢气的燃爆性也是不容小觑的！

　　氯化氢是一种重要的化合物，它的水溶液就是盐酸。当然，氯化氢的工业生产不会使用我们实验中的方法。在大规模生产中，氯化氢通常是通过在氯气氛围中燃烧氢气的方法获得的，在使用这种制备方法时可以看到氢气在氯气中燃烧时独特的苍白火焰。

　　虽然氯化氢的大规模制备不需要光的参与，但是还真有一种东西在大规模生产时会用到光照的方法，那就是俗称"六六六"的农药——六氯环己烷。在这个过程中用到的光也不是普通的光，而是一位老朋友——紫外线。

实验
氯气和苯

【器具】

紫外光灯。

【试剂】

苯、氯气。

【步骤】

在装有氯气的集气瓶中滴入一些苯，然后等待约 30s，待其挥发之后用紫外光灯进行照射，可见集气瓶内瞬间出现了大量白烟且越来越浓。

【原理】

苯在紫外线的照射下与氯气发生了加成反应，生成了六氯环己烷：

$$C_6H_6 + 3Cl_2 \xrightarrow{\text{光照}} C_6H_6Cl_6$$

为什么六氯环己烷俗称"六六六"呢？因为它的分子是由 6 个氢、6 个碳和 6 个氯组成的。

警告

氯气、苯和生成的六氯环己烷都有毒，请做好相应的防护措施。氯气会损伤呼吸道黏膜，造成剧烈咳嗽与呼吸困难，严重时可造成肺水肿并致人死亡；苯会刺激黏膜并缓慢侵害人的神经系统，且具有明确的致癌性；六氯环己烷则会对神经系统、消化系统及呼吸系统同时造成伤害，引发皮肤病甚至脏器损伤。因此，本实验必须在通风橱内进行，若感到不适，请立即离开现场前往空气流通处，并视情况迅速就医。

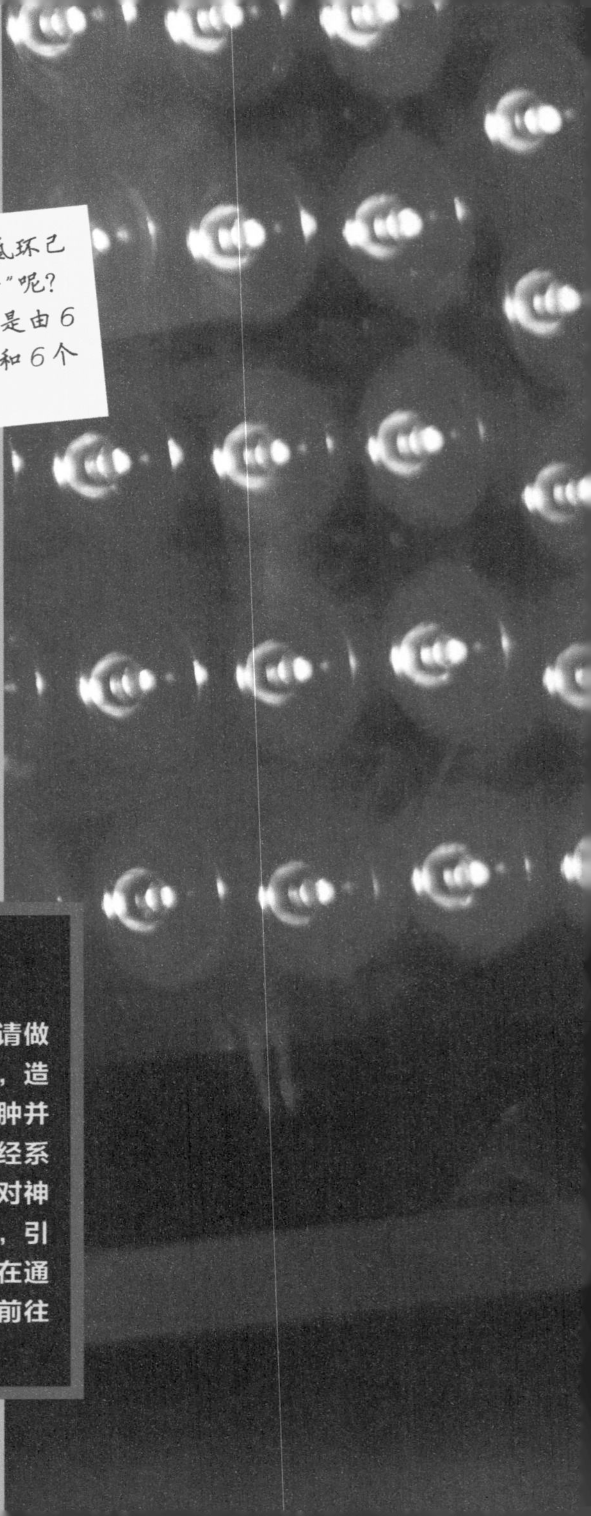

这便是有关光亮的一章。作为"色彩"一章的承接，这一章又拓展了一片新的视野。不管是反应发光还是光引发反应，都有助于我们进一步了解这个世界。接下来，回忆一下本章中"有发光现象的实验"一节，我们提到了氧化。氧化在化学上是一个很重要的概念，它决定着很大一部分反应的发生方式。类比于第一章中酸对应的碱，氧化也有与之对应的过程，那就是还原。而这两个极端的碰撞有时甚至会造成不可挽回的严重后果，这便是下一章的主题。

燃烧

人类有了火，开始走向文明。正是这种最常见的化学现象所具有的魅力，吸引着一代又一代人去探索，去发现。这便是本章章首页图所示的，用最常见的火焰去撩拨人类最原始的好奇心。

预备，点火！

　　这里是本书所介绍的内容中最剧烈的一章，同时也是最重要的一章。在有了前两章的铺垫之后，我们将从这里开始去触碰化学中一些最基本的问题。下面就来认识一下燃烧的氧化学说，以及它所对应的现代无机化学中最重要的反应方式之一——氧化还原反应。那么做好准备，我们来点燃这一章的第一团火。

燃烧

　　人类最早接触的化学变化之一就是燃烧。当其他动物由于对火的惧怕而远离火的时候，人类就可以正确认识和使用火了。火可以帮助我们驱赶动物，烹煮食物，告别那个茹毛饮血的时代，因此它也理所当然地成了所有文明的重要图腾。人们围坐在火焰周围就会拥有光亮、温暖和安全感，继而翩翩起舞，赞颂这一现象。因此，能够认识和使用火也成了人类进化过程中的重要转折点。随着社会的发展和时代的进步，人们对于火的研究也在不断深入，其中最早的研究则是探索燃烧现象如何才能发生。人们发现有些东西可以点燃，有些却不能。于是人们把这类可以被点燃的物质叫作可燃物，而"存在可燃物"则是最早被确定的燃烧现象发生的条件。但不久以后人们很快就发现，就算是同一种物质，也会因为形状的不同而在点燃的难度上有所不同，就比如说下面这个实验中的铁。

实　验
金属火花

【试剂】
　　还原铁粉、锌粉。

【步骤】
　　在酒精灯的火焰上轻轻抖落不同的金属粉末，会看到不同金属燃烧时发出的不同颜色的光。

【原理】
　　铁在空气中燃烧，与氧气发生反应生成四氧化三铁：
$$3Fe + 2O_2 \xrightarrow{\text{点燃}} Fe_3O_4$$
　　锌在空气中燃烧，与氧气发生反应生成氧化锌：
$$2Zn + O_2 \xrightarrow{\text{点燃}} 2ZnO$$

左侧的两张照片展示的就是实验中用到的两种金属粉末在燃烧时的效果。黄色火花是还原铁粉燃烧的效果，而稍稍偏黄的蓝色火焰则是锌粉燃烧的效果。这里有一个相关的冷笑话，锌粉燃烧时的火焰是蓝色，所以被戏称为"蓝锌"实验，而本节后面还有一个"狗吠实验"，所以正好"狼心狗肺"凑一对儿……

　　我们在平常生活中所见到的铁是没办法点燃的，然而在实验中轻易看到了铁的燃烧。这是因为铁与空气接触的表面积不同。比起块状的铁来说，粉末与空气的接触面积明显更大。这种粉末易燃的现象虽然看起来很有趣，但在工业生产中会造成严重的后果，因为粉尘的易燃性可能会造成一场巨大的爆炸。

面粉爆炸

【材料】

　　面粉、蜡烛、小漏斗、吹气用软管、铁质框架、带孔的小台子、塑料袋。

【步骤】

　　按照左图所示的方式搭建实验装置。

　　在小漏斗中加入面粉，点燃蜡烛，并在框架上套一层塑料袋。接着，通过软管吹气，让面粉充满整个塑料袋内的空间，即可见到瞬间的粉尘爆炸。

【原理】

　　面粉是一种混合物，因此并不能写出明确的化学式。但是我们知道，面粉的主要构成元素为碳、氢和氧，含有这几种元素的化合物在燃烧之后通常会变成二氧化碳和水蒸气。由于气体的体积远大于同等质量的固体的体积，因此大量气体的瞬间生成便造成了实验中出现的爆炸现象。

燃烧的钢丝绒

【材料】

钢丝绒、电池。

【步骤】

（在不会导致火灾的地方进行实验。）剪一块钢丝绒并展开，然后用电池的两极轻轻触碰，燃烧便开始了。

【原理】

铁是导体，用导体连接电池两极时会造成电池短路，继而产生大量的热量。钢丝绒的丝太细，导致热量不能快速散去，因此钢丝绒便开始燃烧，在此期间发生的是铁与氧气的反应：

$$3Fe + 2O_2 \xrightarrow{\text{点燃}} Fe_3O_4$$

想象一下，如果我们把这个情况扩大到工厂的一个生产车间的话，将会造成多么严重的后果呢？关于粉尘爆炸中点燃这一步，甚至不需要明火，仅仅是静电或者设备间摩擦产生的热量就可以导致爆炸的发生。历史上因为粉尘造成的事故数不胜数，所以现代化的生产车间都会严格配备除尘设备，以避免粉尘爆炸造成的生命财产损失。

回到我们关于增大表面积来使物质变得易燃的讨论，同样具有这种现象的还有钢丝绒（一种由极细的钢丝制成的打磨抛光用品），它虽然不是粉末状，但是也和空气具有极大的接触面积，因此同样可以在空气中燃烧。不过这一次我们想换个做法，不用明火点火，而是用电池。

　　点燃钢丝绒的是短路产生的热量，而在此前我们所做的所有燃烧实验中，"点火"过程也是给可燃物一定的热量。所以自然地，物质发生燃烧的第二个条件一定和温度有关。我们把可燃物能够开始并持续燃烧的最低温度称为物质的着火点或燃点，而温度达到燃点便是物质燃烧的第二个条件。不同的物质具有不同的燃点，这也决定了可燃物的点燃难度。

　　至此，我们揭开了燃烧所需的两个要素——可燃物和燃点，那么第三个条件又是什么呢？先来看看背景图吧。这是钢丝绒燃烧实验的一个变化版本，在较空旷的场所中将一小块钢丝绒拴在绳子上，在点燃后将其甩动起来便出现了这样的效果。比起前面的常规实验，这里钢丝绒的燃烧速度明显快了许多。这是什么原因呢？答案便是空气。这样甩动起来的钢丝绒接触的空气的量明显增多了，导致燃烧变得更为剧烈。那么，空气是燃烧发生的第三个条件吗？

英国科学家普利斯特里（J. J. Priestley, 1733—1804）做过一个实验，他将燃着的蜡烛放在玻璃容器中密封好。一段时间之后，他发现蜡烛熄灭了。明明玻璃罩中还有空气，为什么蜡烛不能长久燃烧下去呢？此外，他还观察到，在酿造啤酒的大桶里还有一种"空气"，可以让燃着的火焰直接熄灭。通过这些现象，普利斯特里意识到，"空气"不止一种，或者说它本身可能就是混合物。也就是说，我们所寻找的燃烧能够发生的第三个条件，就是空气的组成成分之一。然而囿于时代以及思想的限制，普利斯特里虽然成功地制得了这种气体，却没有对它进行合理的分析与解释。即便如此，他在那个时代对于大量气体的研究还是对推动化学的进步起到了积极作用。

空气中这种可以助燃的气体就是氧气。除了助燃以外，它还可以支持生物体的呼吸。空气中的 21% 都是氧气，可以说这是一种非常重要的气体。接下来，我们不妨看一看氧气浓度对于燃烧的影响。

实验
燃烧的硫

【试剂】
　　硫、过氧化氢 3%、二氧化锰。

【步骤】
　　1. 将硫在空气中点燃，观察现象（见右图）。
　　2. 在锥形瓶中用过氧化氢 3% 和二氧化锰制取氧气，然后在燃烧匙中点燃一些硫并将其送入锥形瓶中，观察现象（见对页图）。

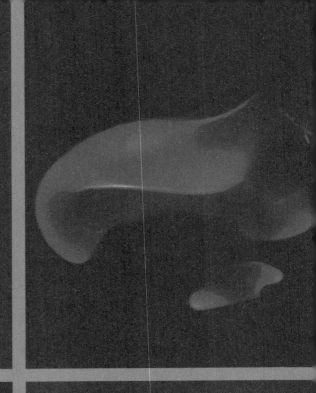

　　化学试剂中的硫有升华硫、精制硫和沉降硫 3 种，三者的区别在于纯度及生产方法。由于它们的化学本质都是硫单质，因此本实验对用哪种硫并没有要求。

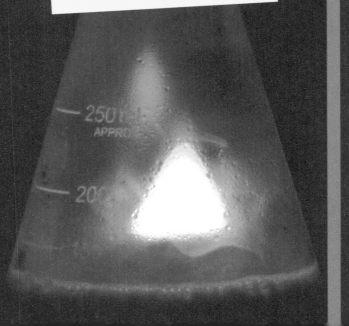

【原理】
　　不管是在空气中还是在氧气中，硫燃烧时发生的化学反应都是一样的，即硫与氧气化合，生成二氧化硫：

$$S + O_2 \xrightarrow{\text{点燃}} SO_2$$

　　而不同点在于燃烧的现象：在空气中，硫缓慢燃烧，发出微弱的紫色火焰；在氧气中，硫剧烈燃烧，发出明亮的蓝色火焰。

　　本实验在同一次制氧过程中反复操作的时候，硫蒸气、水蒸气以及水与二氧化硫生成的亚硫酸酸雾等可能导致火焰颜色变为红色（见左图）。

250 ml
APPROX

200

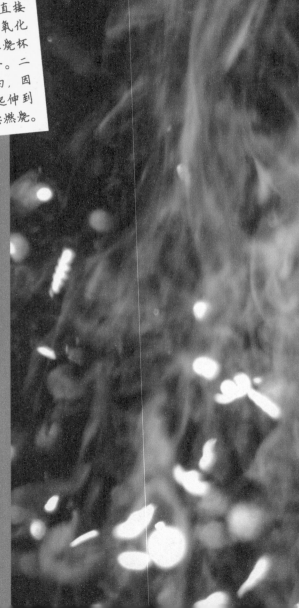

　　二氧化碳可以通过稀盐酸和碳酸钙的反应制得，也可以通过干冰的升华得到，或者直接用钢瓶装的二氧化碳也可以。由于镁与二氧化碳反应会出现火星飞溅的效果，为了防止烧杯炸裂，可以将烧杯换成透明的亚克力盒子。二氧化碳对于绝大部分燃烧来说是不助燃的，因此可以同时点燃镁条和一张纸，将其一起伸到二氧化碳中。可见纸迅速熄灭，但镁条继续燃烧。

实 验
在二氧化碳中燃烧的镁

【试剂】
　　镁带、二氧化碳。

【步骤】
　　1. 在透明的大容器（如 3000ml 以上的大烧杯）底部铺一层细沙，防止炸裂，然后在容器内灌满二氧化碳。
　　2. 点燃一条镁带，将其伸入装有二氧化碳的大烧杯中，观察现象。

【原理】
　　镁和二氧化碳反应，生成白色的氧化镁和黑色的碳：
$$2Mg + CO_2 \xrightarrow{\text{点燃}} 2MgO + C$$

至此，我们在这一部分已经阐述了一般情况下燃烧的 3 个要素：可燃物、燃点和氧气。分开来看的话，首先物质必须是可燃的，其次给予它一个可以着火的温度，再次就是存在与之发生反应的氧气。等等！氧气？我们回过头看一下刚才这个实验的原理部分，镁在燃烧的时候还能跟二氧化碳发生反应啊！难道氧气这一条有问题吗？

事实上，这里的氧气在日常生活中并没有什么问题。然而在化学上，它可就不全面了，因为从化学角度可以代替氧气的物质非常多。回想一下上一章中"有发光现象的实验"一节，我们提到了一个词"氧化"，而这个词将会开启化学中非常重要的一个概念：氧化还原。

氧化还原

　　什么是氧化呢？最初提出氧化这个概念的人是被称为现代化学之父的法国科学家拉瓦锡（A. Lavoisier，1743—1794）。那时，化学正作为一门科学从炼金术的桎梏中独立出来，而其中对于燃烧现象的解释一直存在争议。当时的主流观点认为，可燃物中含有一种独特的元素——燃素，而燃烧过程是燃素脱离物质的过程。正是由于燃素说的影响，普利斯特里虽然制得了氧气，却对其做出了错误解读。而拉瓦锡在受到普利斯特里制取氧气实验的启发后，结合物质在燃烧后增重的现象，通过定量实验，认为燃烧的过程是物质与氧气结合的过程，从而在1777年提出了"燃烧的氧化学说"。同时，拉瓦锡也在这套理论中创造了"氧化"这个词，用于描述物质与氧气结合的过程。这便是氧化的最初定义，这个词也作为氧化的狭义定义而被保留了下来。直到今天，一些初中化学教材中仍会使用这个定义，并将它作为学习更深层化学知识的一块跳板。

实 验
磷太阳

【试剂】

过氧化氢 3%、二氧化锰、白磷。

【步骤】

　　1. 首先准备实验装置。取一个 4L 大小的烧瓶，在烧瓶底部铺一些细沙，以防止烧瓶在实验中炸裂。然后找一个可以塞住瓶口的塞子，并在塞子上固定一只燃烧匙。确保塞子塞住之后，烧瓶中的燃烧匙距离烧瓶底部还有一定距离即可。

　　2. 在锥形瓶中加入一定量的过氧化氢 3%，然后加入二氧化锰进行催化，用以制备一定量的氧气（该方法制得的氧气需用蒸馏水洗气，并进行干燥）。然后在第一步准备的烧瓶中装满氧气。

　　3. 取一块黄豆大小的白磷，擦干表面的水后放置于燃烧匙中。接着找一个相对较暗的地方，点燃白磷，并迅速将燃烧匙伸入烧瓶中，塞上塞子，即可观察到实验现象。

　　最后一步除了点燃白磷后将燃烧匙伸入烧瓶中的方法以外，还可以先将白磷放置到位，然后用一支大功率激光笔隔着瓶子点燃白磷。这种方法能够极大地减小因操作不熟练而烧到手的概率。

警 告

　　白磷高度易燃，平常应保存在冷水中。使用时应确保较低的环境温度，同时防止该物质自燃。白磷意外着火后若确定不会造成大规模火灾，应尽可能让它完全燃烧，不然可能形成白磷蒸气或生成其他有毒物质。白磷有剧毒，而且可以通过皮肤被人体吸收，因此取用时应做好身体防护工作。此外，白磷的克星是硫酸铜，请在进行相关实验时准备好充足的硫酸铜溶液。用硫酸铜溶液先涤接触过白磷的器皿，若不慎碰到白磷，请立即用硫酸铜溶液清洗接触部位。如果在实验过程中出现任何不适，请立即终止实验并迅速就医。

【原理】
　　白磷在氧气中燃烧，生成十氧化四磷：

$$P_4 + 5O_2 \xrightarrow{\text{点燃}} P_4O_{10}$$

　　中学阶段会把这个反应后面生成的 P_4O_{10} 写为两个五氧化二磷，即 $2P_2O_5$，但实际情况是五氧化二磷通常会以二聚体的形式存在，因此在上述方程式中我们将其写成了更符合事实的十氧化四磷（P_4O_{10}）。

151

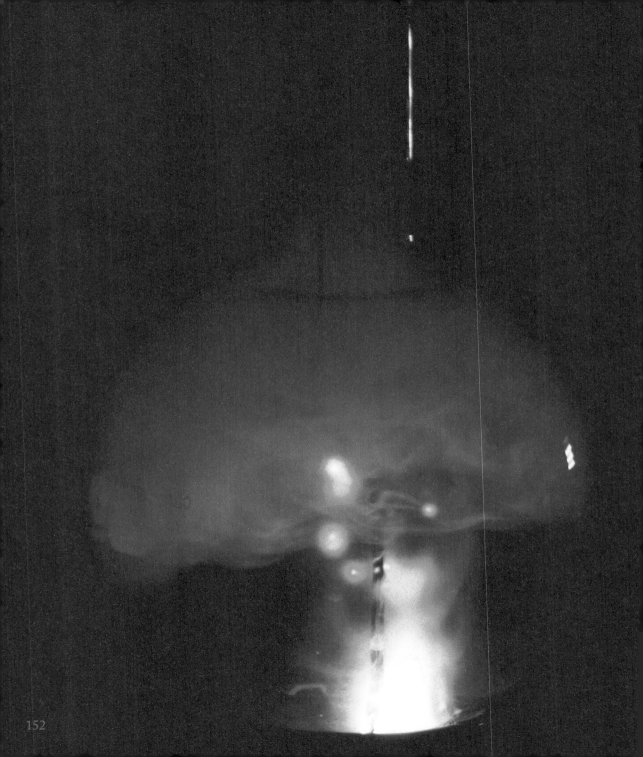

2000
ml

153

作为一个在化学学科刚刚起步阶段提出的理论，把"物质与氧气发生反应"定义为"氧化"的确具有里程碑式的意义。但是随着化学的发展，它的弊端也逐渐暴露了出来。拉瓦锡定义的"氧化"完美地解释了物质在燃烧后为什么增重，继而推翻了一百多年来的燃素说，却由于当时很多东西还没有研究出来，这个定义存在了一定的局限性。拉瓦锡所在的那个年代根本没有金属镁，他自然也不会知道镁与二氧化碳的反应。然而所有的科学理论都不是一步到位的，它们都在随着新的研究与发现不断完善。因此，我们只需要将氧化的定义扩充一下，就可以让它适应新的情况了。

通常，物质在空气中燃烧的时候是在与氧发生反应，比如镁在空气中燃烧生成氧化镁就是这样的过程。但是后来，人们发现能够助燃的不只有氧气，就好比前面实验中同样可以与镁发生反应的二氧化碳。因此，想要扩充氧化的定义，就必须抛开表面现象，去研究这个过程中真正的原理。在这个例子中我们会发现，不管是与氧发生反应还是与二氧化碳发生反应，镁的价态都从 0 价变成了 +2 价。前面说过，元素的价态变化实际上是元素的电子得失或偏移的结果，因此这也就成了"氧化"的新定义：广义的氧化指的是物质中的某元素失去电子、化合价升高的过程。

当然，电子不可能凭空消失，同一个反应中既然有元素失去了电子，那就势必有元素得到了电子。在此，我们引入氧化的相对概念——还原。正如酸与碱是相对的，氧化与还原也是相对的。在镁和氧气反应的过程中，氧气中的氧元素得到电子，其价态从 0 价变成了 −2 价，我们便说在这个过程中氧被还原了。广义的还原指的就是物质中的某元素得到电子、化合价降低的过程。镁与二氧化碳发生反应时，二氧化碳中的碳元素由 +4 价变成了 0 价，说明它同样发生了还原反应。

$$\overbrace{\underset{0}{2Mg} + \underset{+4}{CO_2}}^{\text{失 2×2 个电子，被氧化}} \xrightarrow{\text{点燃}} 2\underset{+2}{M}gO + \underset{0}{C}$$

得 4 个电子，被还原

一种物质在被氧化的时候会失去电子，同时化合价升高，发生氧化反应；一种物质在被还原的时候会得到电子，同时化合价降低，发生还原反应。这两句话虽然看起来绕了一点，但它说明了这两种反应相互依存的关系。在同一个反应中，氧化反应与还原反应总是绑在一块，发生氧化反应的同时必然会发生还原反应。因此在今天的化学中，我们便直接把这类反应称为氧化还原反应。

管子的材质最好是玻璃，方便在实验后清洗以重复使用。如果感觉造价太高，则可以考虑使用亚克力管，但是这种材质对于有机溶剂过于敏感，容易碎裂，因此相当于一次性器具。

狗吠实验

【试剂】

二硫化碳、一氧化二氮。

【步骤】

1. 取一根长 1.2m、直径为 8cm 的一头封闭的管子。

2. 用排水法在管子里面灌满一氧化二氮气体，并用胶塞封闭。

3. 在里面加入 5ml 二硫化碳，然后晃动管子使之挥发为气体，同时将两种气体摇匀。在这个过程中，记得时常打开一下塞子调整管内的气压。

4. 在空旷的场地竖直向上固定好管子，然后打开塞子，用长柄打火机点火。

【原理】

二硫化碳和一氧化二氮会发生如下反应，生成氮气、一氧化碳、二氧化硫和硫单质：

$$CS_2 + 3N_2O \xrightarrow{\text{点燃}} 3N_2 + CO + SO_2 + \frac{1}{8}S_8$$

警 告

二硫化碳有毒且非常臭，一氧化二氮是一种医用麻醉剂，因此在这个实验中一定要小心使用这两种物质。

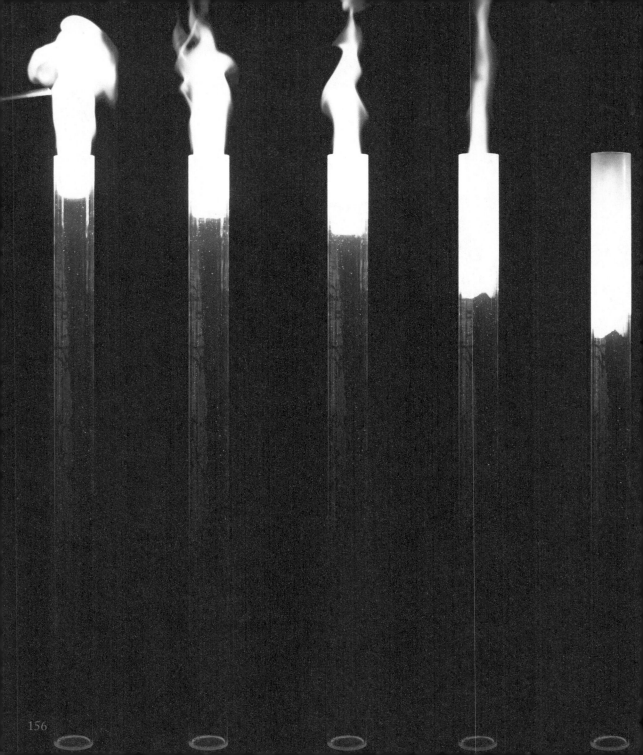

狗吠实验是一个很经典的氧化还原反应，主要就是由于它惊人的效果。然而这个实验也给我们带来了一个新的问题：这个实验的参与者都是气体，那么我们应该怎么描述哪种物质在哪种物质中燃烧呢？这里我们就要引入一对新的概念：氧化剂与还原剂。我们将氧化还原反应中发生还原反应的物质称为氧化剂，将发生氧化反应的物质称为还原剂。由于氧气一直是最常见的氧化剂，因此我们规定所有的燃烧都是还原剂被氧化的过程。

回到狗吠实验，这里的一氧化二氮发生的是还原反应，因此它是氧化剂；而二硫化碳发生了氧化反应，因此它是还原剂。既然燃烧是还原剂被氧化的过程，那么这个实验自然就是二硫化碳在一氧化二氮中燃烧了。

实 验
瓶中的焰浪

【试剂】
　　无水乙醇。

【器材】
　　大号塑料瓶（矿泉水瓶）、长柄
打火机或长柄火柴。

【步骤】
　　1.在塑料瓶中倒入少量无水乙醇，
然后盖上瓶盖，旋转瓶子并摇晃，使
得瓶子内壁均匀地沾上一层无水乙醇。
　　2.打开瓶盖，将瓶中多余的乙醇
倒掉，然后用长柄打火机或长柄火柴
在塑料瓶口点火。

【原理】
　　乙醇燃烧时会产生二氧化碳和水：
$$C_2H_5OH + 3O_2 \xrightarrow{\text{点燃}} 2CO_2 + 3H_2O$$
　　这便造成了实验最初喷射的火焰。
而当瓶中的氧气燃烧殆尽的时候，外
界的空气会间歇性地补充进去，从而
造成了接下来由上到下的火焰湍流。

警 告

　　点火工具不够长
的话，瓶口喷出的火
焰就可能会将手烧
伤！此外，注意在做
本实验时要确保周围
没有易燃物，特别是
实验中倒出的多余乙
醇，在点火时一定让
它要远离现场。

　　　乙醇火焰近乎无色，因此除了加入一些醋酸钠染
黄火焰的颜色以外，还可以考虑使用同为易燃液体但
能发出绿色火焰的硼酸三甲酯代替乙醇。为了得到较
好的实验效果，不建议重复使用塑料瓶。如果条件受
限，可在每次实验后将瓶中灌满水再倒掉，接着进行
下次实验。这样做主要是为了给瓶中补充燃烧所需的
氧气，顺便也可以起到冷却瓶子的作用。

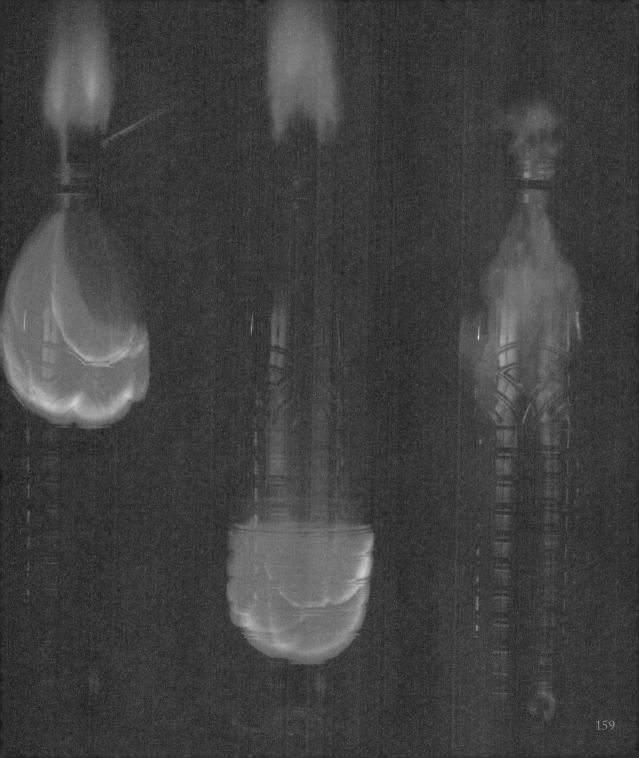

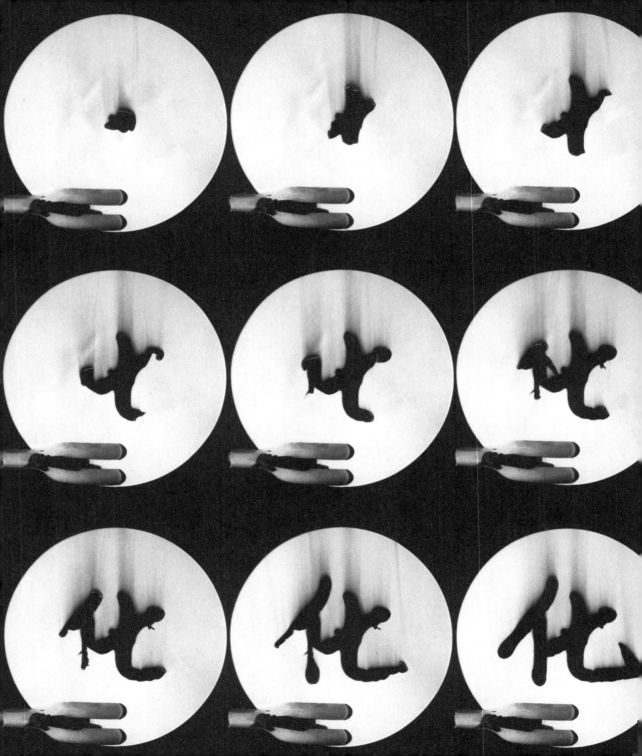

实 验
火龙写字

在这个实验中需要注意一下字迹笔画的粗细，若太细的话，火焰"写字"的笔迹容易断，而笔画太粗的话，便会像本页图一样直接被火焰烧成一片，分辨不清。（为突出主题，本页图中这个作为反面教材的字选择的是"学"的繁体字）

【试剂】
　　硝酸钾。

【器材】
　　毛笔、香、滤纸。

【步骤】
　　1.配制少量硝酸钾饱和溶液，然后用毛笔蘸取溶液在大号滤纸上写字，然后晾干。
　　2.将晾干的滤纸在铁架台上夹好，然后将点燃的香戳向有字迹的位置。接下来，火焰便会沿着书写的笔迹蔓延开来。

【原理】
　　硝酸钾是一种氧化剂，被它的溶液浸泡过的可燃物会变得更加易燃。在这个实验中，相对于没有被硝酸钾饱和溶液浸泡过的部分来说，被毛笔涂刷过硝酸钾的滤纸更容易在较低的温度下缓慢燃烧，从而出现了实验中的现象。

警 告

固体硝酸钾对撞击和杂质相对敏感，在使用时请注意避免上述情况的发生。

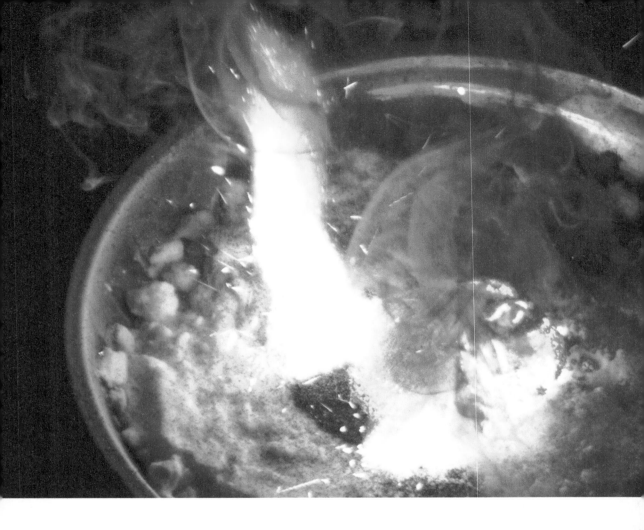

失控的火焰

　　人类在无意间创造了火药，而这类剧烈燃烧的反应也随着近代化学的发展而被逐渐发扬光大——这便是这一节的内容，绚丽而危险。没有燃烧的化学是不完整的，斟酌再三，我决定在符合相关规定的范围内，将这些内容谨慎呈现给大家。

特别的混合物

　　前面我们提到了火药，它大概是人类真正掌握的第一种会产生剧烈燃烧现象的东西了。火药作为我国的四大发明之一，来源于古时候炼丹师的无意之举，距今已有上千年的历史了。对于火药的配方，"一硫二硝三木炭"的说法也是家喻户晓。虽然配方没错，但是制作火药的操作过程可是有严格规定的，比如木炭必须提前浸泡。不知道这些操作规范而肆意尝试的话，那么基本上出事的都会是你自己。好在这个方子里的"硝"是管制物品，所以才没有那么多因自制火药而酿成惨祸的事故发生。火药燃烧时会同时发生数个反应，产生氮气、二氧化硫、二氧化氮及二氧化碳等大量气体，这也就是火药直接点燃时会剧烈燃烧，在密封空间内点燃会发生爆炸的原因。

　　顺便一提，右侧的图并非黑火药的燃烧场面，而是硫与锌反应结束前的最后阶段。关于该实验的相关内容，大家可以在接下来的部分里看到。

实验
铝热反应

【试剂】
　　铝粉、三氧化二铁、镁带。

【步骤】
　　1. 取 13g 铝粉、37g 三氧化二铁在小烧杯中混合均匀。
　　2. 将混合好的粉末倒在沙土上，插上一小截镁带，用于引燃混合物。
　　3. 点燃镁带，然后立即退至 5m 之外观察反应现象。

【原理】
　　铝具有较强的还原性，可以与三氧化二铁发生氧化还原反应，生成三氧化二铝和铁单质：
　　$2Al + Fe_2O_3 \xlongequal{高温} Al_2O_3 + 2Fe$
　　由于铝热反应的温度可以达到上千摄氏度，因此生成的铁是液态的。

警告

　　铝热反应的核心温度可以达到上千摄氏度，因此在操作时要格外小心！

常见的镁带有两种：一种短、宽而薄，成包出售；另一种细而厚，成卷出售。通常前一种用于反应，而后一种用于点火。

165

铝热反应并不是特指某个反应，而是一类反应的总称，铝可以在高温下将一些金属氧化物中的金属置换出来，因此得名。能够发生铝热反应的混合物统称为铝热剂，铝热剂被引燃后会放出大量的热，所以反应还原出的金属通常是熔融状态的。利用这个特性，在早期的铁路建设过程中，工人们曾用三氧化二铁的铝热反应来焊接铁轨。三氧化二铁就是红色铁锈的主要成分，这种很稳定的物质在日常生活中相当常见，甚至作为防锈涂料被用在很多需要限制化学反应发生的地方。但在这个反应中，它和铝发生了剧烈的氧化还原反应。那么，究竟是什么导致性质不活泼的三氧化二铁具有了助燃的能力呢？答案自然在反应的另一个主角铝身上。大多数人都不知道，铝实际上是一种非常活泼的金属。铝之所以在空气中看上去很稳定，是因为铝会与氧反应生成一层非常致密的氧化膜，从而阻止了内部的铝与氧气进一步发生反应。铝在化学反应中只能失去电子，所以铝注定是一种还原剂，再加上铝在化学反应中的高活泼性，因此铝属于一种强还原剂。所以，在铝热反应中，三氧化二铁虽然平常很稳定，但它微弱的氧化性也被具有强还原性的铝发挥了出来。不只是铝，很多活泼金属都具有强还原性，比如说接下来实验中的锌。

167

实　验
硫与锌

【材料】
锌粉、升华硫（或沉降硫）、镁带。

【步骤】
1. 取 33.5g 锌粉和 16.5g 升华硫，在小烧杯中混合均匀。

2. 将混合好的粉末置于沙土上，确保反应物正上方没有任何东西，然后在反应物中插上一根镁带。

3. 点燃镁带，然后迅速后撤至 8m 之外观察反应现象。

【原理】
锌粉与硫发生化合反应，生成硫化锌：
$$Zn + S \xrightarrow{点燃} ZnS$$

警　告
硫与锌的反应近乎于一次小的爆炸，所以一定要做好安全防护工作。如果这个实验在室内进行的话，则极有可能将天花板熏黑并发生火灾等危险。

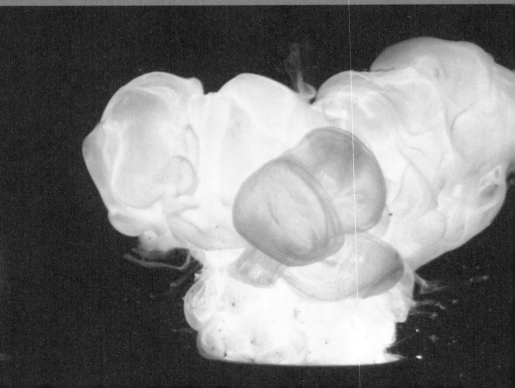

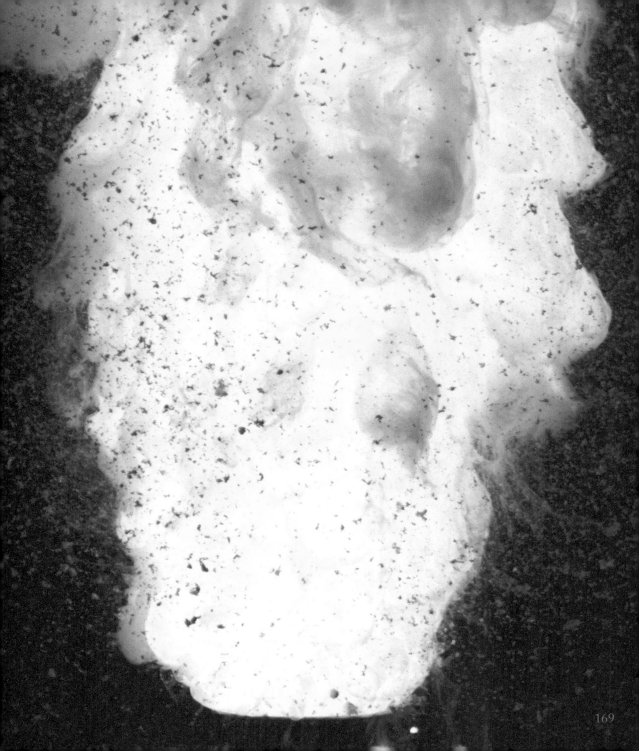

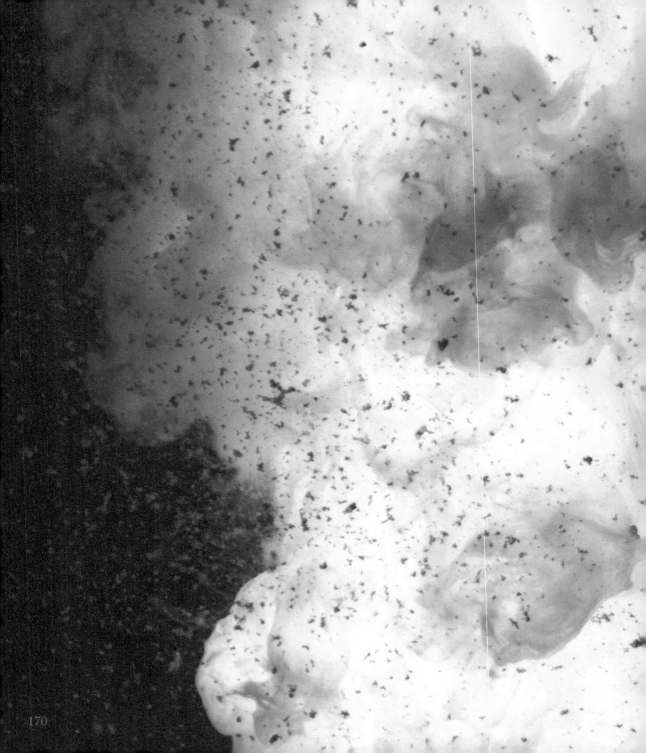

硫在元素周期表中位于氧的下方，具有弱于氧的氧化性。不过，由于锌粉是强还原剂，硫的这点氧化性也足够引发一场光与火的盛宴了。

实验
干冰灯

【试剂】
    镁带、镁粉、干冰。

【步骤】
    1. 取一个透明的亚克力容器，在其内填满干冰粉末并压实。然后在上面挖一个洞，填入一定量的镁粉，再用干冰将其埋起来。接着挖一个小洞，暴露出一小块镁粉，插上一截镁带，用于点火。确保镁带点燃后能毫无阻碍地触碰到埋着的镁粉。
    2. 将干冰置于沙土或阻燃材料上，点燃镁带，然后立即撤离至 5m 以外观察现象。

【原理】
    干冰是固态的二氧化碳，因此这个反应的实质是镁和二氧化碳反应，生成白色的氧化镁和黑色的碳：
$$2Mg + CO_2 \xlongequal{\text{点燃}} 2MgO + C$$
    这个反应会发出强光并经由干冰的漫透射发散出来，出现图中所示的效果。

警 告

    镁与干冰的反应非常剧烈，因此一定要注意防止喷溅出的火焰对人身造成伤害。

这个实验的原始方案是在大块干冰上挖洞，然后放入镁粉点燃，在燃烧开始的瞬间盖上另一块干冰。这种做法有一定的危险性，故我在这里做出了一定的改进。

173

实验
燃烧的糖

【试剂】

氯酸钾、糖、镁带。

【步骤】

1. 取 20g 氯酸钾和 30g 糖，将其在小烧杯中混合均匀。

2. 将混合好的粉末置于沙土上，确保反应物正上方没有任何东西，然后在反应物中插上一根镁带。

3. 点燃镁带，然后迅速后撤至 5m 之外观察现象。

【原理】

糖作为燃料（还原剂），被氯酸钾氧化燃烧。由于糖类多为碳水化合物，故此处方程式中使用的糖为糖类通式：

$$2x\,KClO_3 + 3C_xH_2O_y \xrightarrow{\text{点燃}}$$
$$2x\,KCl + 3x\,CO_2\uparrow + 3y\,H_2O\uparrow$$

该反应在剧烈燃烧的同时会生成大量氯化钾白烟，同时放出气体。

剧烈燃烧的缔造者

氧化剂与还原剂位于两个极端，操控着反应的剧烈程度。如果按照前文所说，这二者中只要有一个足够厉害就能引发剧烈反应的话，那么除了增强还原剂的活泼性之外，提高氧化剂的活泼性也是可以考虑的。

含能材料

含能材料简称能材，顾名思义，就是可以在短时间内释放出大量能量的材料。能材分狭义和广义两种。狭义的能材指的是可以被称为"炸药"一类的东西，比如著名的三硝基甲苯（简称 TNT）、三硝酸丙三酯（硝化甘油）以及环三亚甲基三硝胺（黑索金，简称 RDX）等。而广义的能材泛指一切会在反应时释放大量能量的物质，如前面介绍的铝热剂以及糖与氯酸钾的混合物等。虽然能材本身有一定的危险性，但不可否认的是，能材的相关研究对航空航天、军事国防等领域的发展有着积极作用。

警 告

氯酸钾是强氧化剂，使用和操作不当时有可能发生爆炸，因此需要格外小心。此外，请勿轻易尝试网上所说的"重结晶以提高燃烧质量"等内容，这将会提高事故发生率，并可能因违反公共安全管理条例而受到相应处罚。

氯酸钾就是一种实验室中常见的强氧化剂。在这个反应中，它点燃了作为燃料的糖。在通常情况下，糖在用火灼烧之后只会熔化，不会出现燃烧现象。一种将糖点燃的方法是在其表面撒一些烟灰，通过烟灰中部分元素的催化而使糖变得易燃。而氯酸钾则不一样，它可以直接与糖发生反应。再加上它本身就是一种强氧化剂，无疑使得糖轻而易举地燃烧了起来。

焰色反应

德国化学家本生（Robert W. Bunsen, 1811—1899）在 1853 年发明了本生灯——一种以煤气为燃料并可以产生无色高温火焰的装置。接着，他在利用这个装置灼烧不同物质的时候，发现了某些元素的单质及化合物在灼烧时会产生特定的颜色，这种现象被称作焰色反应。焰色反应虽然叫反应，但它只是一种物理变化。之前提到过，不同的元素在被能量激发后，会因为其电子在不同能级之间跃迁而发出不同颜色的光，这也就是焰色反应的原理了。

然而在这个问题上，本生最大的突破之处不是他发现了这个现象，而是进行了逆向思考：灼烧未知物质，然后通过不同的焰色来确定这些物质之中包含的元素，这被称作焰色试验。而随着焰色试验的进一步充实和完善，诞生了一种非常重要的物质分析方法——光谱分析法。

本实验比较容易受杂质的影响而失败，特别是钾盐，通常会由于杂质中的钠元素而导致火焰被染黄，因此最好使用高纯试剂。

实验
彩色的火

本实验是由上一个"燃烧的糖"实验结合焰色反应衍生出的一个实验，其中用到的盐可以根据实验室的具体情况进行选择。常见元素的焰色如下，其中铜元素的焰色会受到阴离子的影响而发生变化：

锂·······················紫红色
锶·······················洋红色
钙·······················砖红色
钠·······················黄色
钡·······················绿色
铜（无卤素）···············蓝绿色
铜（氯化物）···············蓝色
钾·······················紫色

【试剂】

氯酸钾、葡萄糖、镁带、不同金属的盐类化合物。

【步骤】

1. 取 20g 氯酸钾和 30g 葡萄糖，将其在小烧杯中混合均匀，然后转移到小号铁制容器中，在上面撒上一种金属的盐（不要将其混合），然后插上一根镁条。为每种盐制作一个这样的小装置。

2. 将这些装置逐一点燃，并在每次点燃后立即后撤至 5m 之外观察现象。（右图为同时点燃的效果，下页图为分开点燃时 8 种不同物质的焰色。）

警 告

　　氯酸钾是强氧化剂，若使用和操作不当，将有可能发生爆炸，因此需要格外小心。本实验与烟雾弹无关，请勿将网上的"彩色烟雾弹"等内容与本实验混淆，不然将会造成严重后果。

【原理】

　　葡萄糖作为燃料（还原剂）被氯酸钾氧化：

$$4KClO_3 + C_6H_{12}O_6 \xrightarrow{点燃} 4KCl + 6CO_2\uparrow + 6H_2O\uparrow$$

　　该反应会生成大量白烟，放出气体。同时，该反应释放的能量会激发其中混合的盐所包含的特定元素，产生焰色反应，为火焰"染上"不同的颜色。

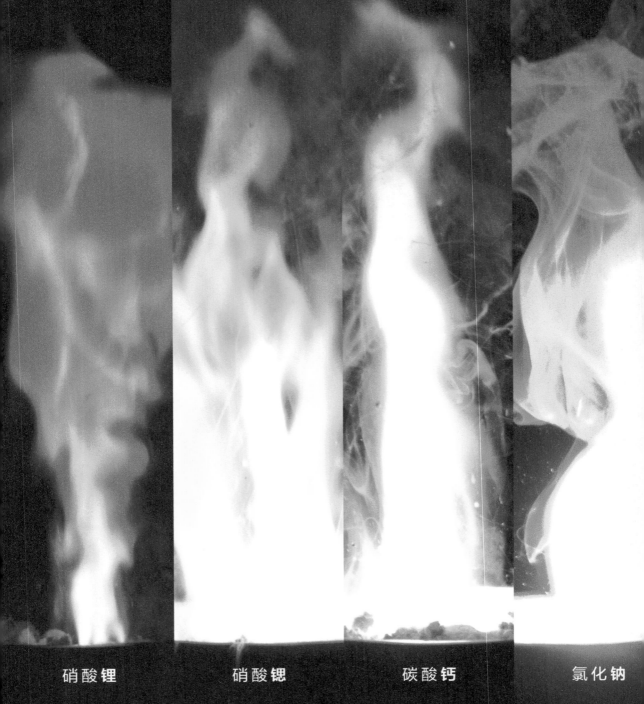

硝酸锂　　　　硝酸锶　　　　碳酸钙　　　　氯化钠

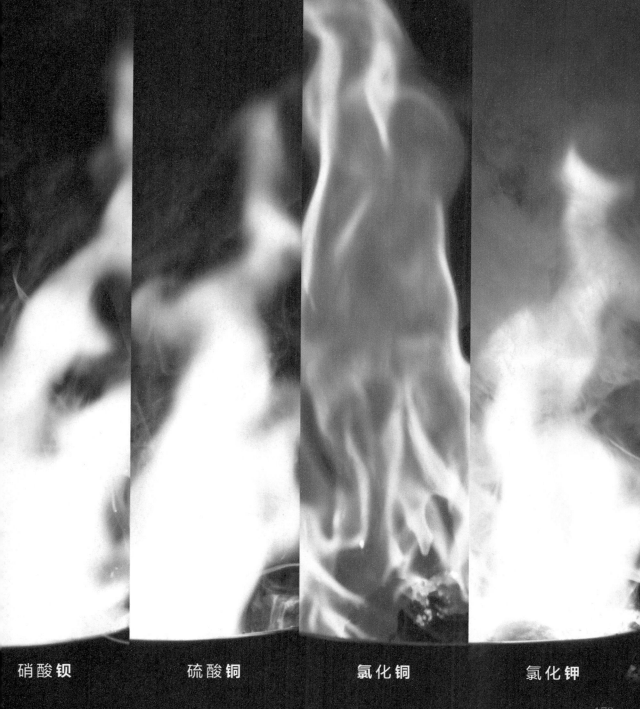

硝酸钡　　　　　　硫酸铜　　　　　　氯化铜　　　　　　氯化钾

加热固体时，通常将试管倾斜固定在铁架台上，本实验为特殊情况。在加热阶段，有可能会发生氯酸钾固体粘在试管上掉不下去的情况，可以小心地用玻璃棒将其捅下去或者一开始就干脆少放一点。

警 告

氯酸钾是强氧化剂，若使用和操作不当，就可能会发生爆炸，因此需要格外小心，而对于熔融态的氯酸钾更要慎重。如果在铁架台上固定试管的铁夹具有橡胶防滑垫，则会在反应中因为过热而熔化，从而使得试管从铁架台上掉下来。因此，一定要在实验之前做好实验台的防火等防护措施。

实 验
燃烧的小熊软糖

【试剂】

氯酸钾、小熊软糖。

【步骤】

1. 取 5g 氯酸钾装入试管，然后将试管竖直固定在铁架台上。

2. 将酒精灯置于试管下方，对试管底部进行加热。当氯酸钾全部熔化后，迅速撤掉酒精灯并进行下一步操作。

3. 用长柄坩埚钳将小熊软糖迅速放入装有熔融氯酸钾的试管中，观察现象。

【原理】

小熊软糖作为燃料（还原剂）被氯酸钾氧化发生燃烧。小熊软糖为混合物，因此此处方程式中的燃料分子式为糖类通式所指代的糖：

$$2x\,KClO_3 + 3C_xH_{2y}O_y \xrightarrow{\text{加热}}$$
$$2x\,KCl + 3x\,CO_2\uparrow + 3y\,H_2O\uparrow$$

该反应在剧烈燃烧的同时会产生大量氯化钾白烟，同时放出气体。

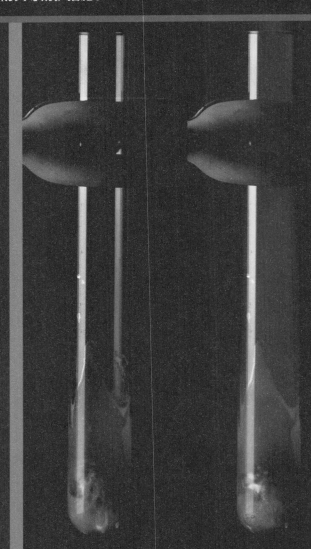

实 验
跳动的煤球

【试剂】

硝酸钾、煤球。

【步骤】

1. 取 10g 硝酸钾装入试管中，然后将试管竖直固定在铁架台上。

2. 将酒精灯置于试管下方，对试管底部进行加热。当固体全部熔化后，迅速撤掉酒精灯并进行下一步操作。

3. 用镊子将小块煤球迅速放入装有熔融硝酸钾的试管中，观察现象。

【原理】

煤球中所含的碳与硝酸钾反应，生成碳酸钾、一氧化碳、二氧化碳与氮气：

$$3C + 2KNO_3 \xrightarrow{\text{加热}}$$

$$K_2CO_3 + CO\uparrow + CO_2\uparrow + N_2\uparrow$$

硝酸钾在受热时易放出氧气发生变质，从而导致实验失败。如果想要确保成功率的话，则完全可以考虑用氯酸钾代替硝酸钾进行实验。如果使用的氧化剂是氯酸钾，则按下式生成氯化钾和二氧化碳：

$$3C + 2KClO_3 \xrightarrow{} 2KCl + 3CO_2\uparrow$$

警告

硝酸钾是强氧化剂，对摩擦和撞击相对敏感，若使用和操作不当，则可能发生爆炸，因此需要格外小心。尽量直接将实验之后的剩余反应物处理掉，不要用于二次实验。

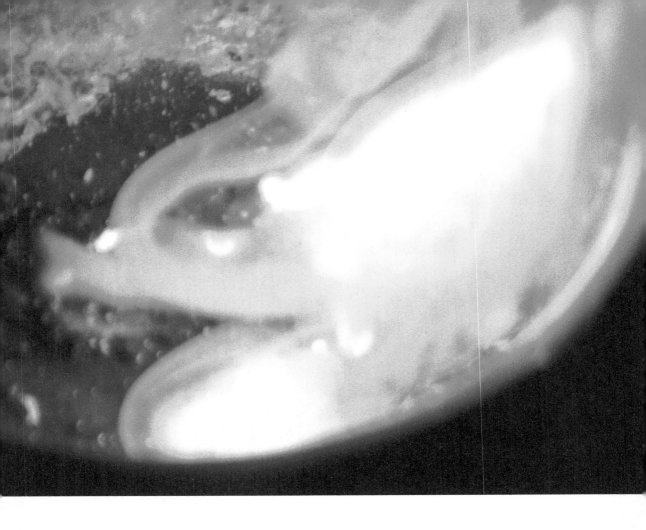

直接燃烧

　　从这两节中，我们认识了氧化还原反应，以及对应的氧化剂与还原剂的关系。虽说这两者的强弱会决定反应的剧烈程度，但二者还需要一个触发反应的外界条件。那么，假如一个反应可以在没有外界干涉的情况下自发进行，则又会是一个怎样的情形呢？

自发反应

　　每个反应都有它发生的条件。我们在序章中说过，在写方程式的时候会把条件标注在连接反应物与生成物的等号、可逆号或箭头的上方或下方，比如在下列方程式中：

$$2H_2 + O_2 \xrightarrow{\text{点燃}} 2H_2O$$

　　"点燃"就是反应发生的条件。此外，对于很多反应来说，想要实现同一个反应所需要的条件并不唯一。我们在"光亮"一章中的"由光开启的反应"一节中介绍的氢气与氯气的反应，除了用光照诱发之外，直接点燃也可以让这个反应发生。

　　然而我们在这里要强调的并不是那些不同的条件，而是要看一看那些什么条件都没有标注的反应。这一类反应没有标注条件，并不是说这类反应在任何条件下都可以发生，而是这些反应发生的条件就是我们所处的环境。在化学上，这代表温度为20℃、气压为一个标准大气压，称之为"一般情况"。如果一个化学反应可以在这个条件下直接发生，则在写方程式的时候就不写反应条件了。

标准状况

　　除了正文中提到的一般情况之外，还有一种在学习与研究中常用的理想状态，称之为标准状况。标准状况简称"标况（STP）"，指的是温度为273.15K，同时气压为101.325kPa的情况，或者通俗点说就是温度为0℃、气压为一个标准大气压的情况（根据IUPAC于1982年重新确定的标准状况的定义，气压已被修订为100kPa，而对于化学教材中为什么还在用老版的定义，至今仍不清楚。此处内容以教材定义为准）。为什么会出现这么一个定义呢？这是因为在标准状况下，任何处于此状态下的1mol气体的体积均为22.4L（新定义下的体积为22.7L）。这个体积被称作理想气体摩尔体积，对于研究有关于气体的化学反应是非常重要的。

警 告

　　这个实验会持续较长时间，现象也会出现一个由快到慢的变化。实验开始后尽可能在较长时间内不触碰反应容器，因为它可能会在你认为反应已经终止并拿着它准备去洗的时候在你的手边给你一个"惊喜"的小爆炸。

实 验
硅烷

【试剂】
　　硅化镁、0.01mol/L 盐酸。

【步骤】
　　取一个培养皿，在里面倒入 5mm 深的盐酸溶液，然后在较暗的环境中向其中加入少量硅化镁，可以看到液面上瞬间闪起了大量的火花。

【原理】
　　首先，硅化镁与酸反应生成硅烷：
$$Mg_2Si + 4H^+ === 2Mg^{2+} + SiH_4\uparrow$$
　　硅烷是一种结构类似于甲烷的气体，极不稳定，会在与氧接触的瞬间发生自燃：
$$SiH_4 + 2O_2 === SiO_2 + 2H_2O$$
　　这也就造成了液面上不断闪耀火花的现象。

　　相对于甲烷 700℃左右的燃点，硅烷的燃点低得多，甚至比地球自然界中出现过的最低温度还要低，所以在常温下它当然会自燃。目前硅烷在一些高纯度硅及其化合物的制备过程中有着重要的作用，你手中的电子产品在生产时说不定就和它有关，但对于一般人来说它还是比较陌生的，所以我们不妨用日常生活中常见的铁再来举一个关于自反应的例子。

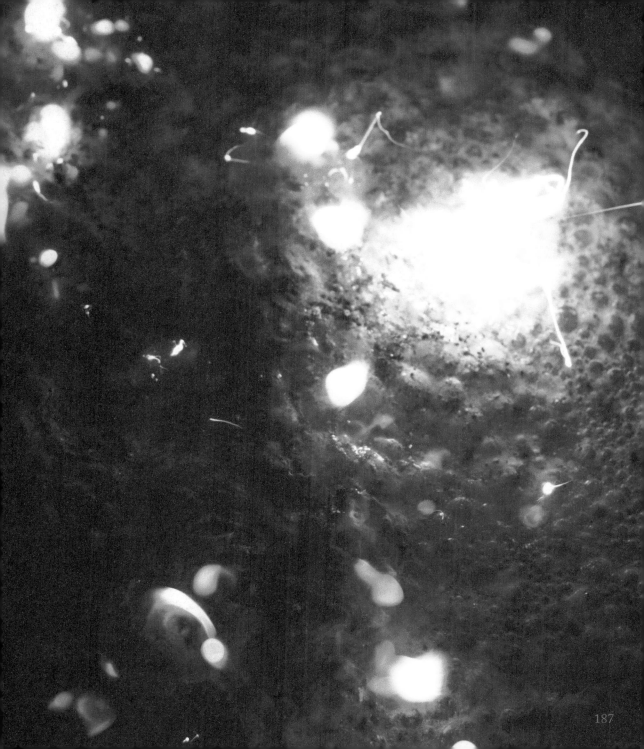

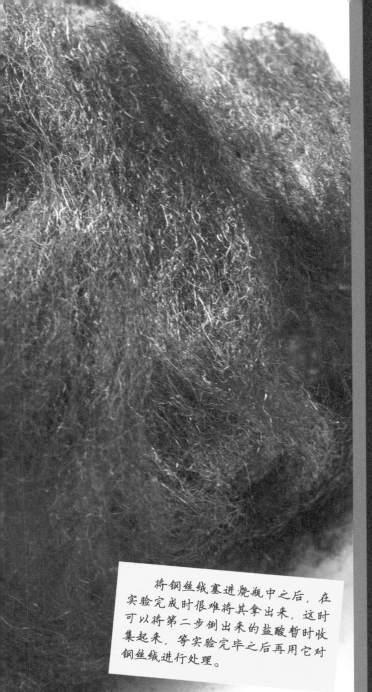

实验
快速生锈

【试剂】

　　钢丝绒、盐酸18%、水、色素。

【步骤】

　　1. 在一只烧杯里加入一些水，然后滴加几滴色素，使我们能够看得更清楚一些。

　　2. 将一团钢丝绒装入一个长颈烧瓶中，然后加入一杯盐酸18%。摇晃容器，洗去钢丝绒表面的污渍，最后将盐酸倒掉。然后加入一些水，洗去残留的盐酸，然后将其倒掉。视情况重复洗涤数次。

　　3. 将烧瓶倒过来，瓶口浸没于之前配制好的色素水中，然后将此装置放置若干小时，观察现象。

【原理】

　　本实验的核心原理就是铁生锈：

$$4Fe + 6H_2O + 3O_2 = 4Fe(OH)_3$$
$$2Fe(OH)_3 = Fe_2O_3 + 3H_2O$$

之所以选择钢丝绒作为实验材料，是因为它有着较大的表面积，可以充分吸收烧瓶内的氧，尽可能完全地发生反应。空气中的氧气占空气体积的21%，当这部分氧气在与铁发生反应的时候，瓶内外的压强就会出现差异，导致实验中出现瓶内液面上升的现象。

　　　　将钢丝绒塞进烧瓶中之后，在实验完成时很难将其拿出来，这时可以将第二步倒出来的盐酸暂时收集起来，等实验完毕之后再用它对钢丝绒进行处理。

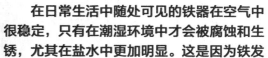

　　在日常生活中随处可见的铁器在空气中很稳定，只有在潮湿环境中才会被腐蚀和生锈，尤其在盐水中更加明显。这是因为铁发生锈蚀变成三氧化二铁的过程比本章所介绍的一般氧化反应要复杂一些，具体情况会在下一章中着重说明。

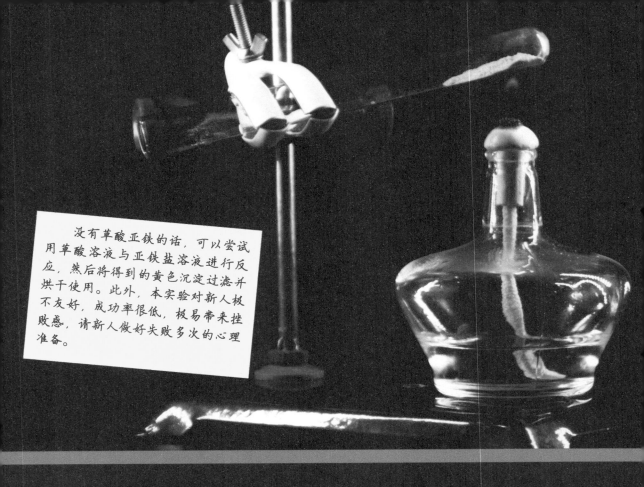

没有草酸亚铁的话，可以尝试用草酸溶液与亚铁盐溶液进行反应，然后将得到的黄色沉淀过滤并烘干使用。此外，本实验对新人极不友好，成功率很低，极易带来挫败感，请新人做好失败多次的心理准备。

实 验
自燃铁粉

【材料】
　　草酸亚铁。

【步骤】
　　1. 将少量草酸亚铁粉末装入试管中，然后把试管固定在铁架台上，让试管口略微朝下，用酒精灯对着试管底部进行加热。

　　2. 当黄色的草酸亚铁粉末完全变黑或大部分变黑的时候，用大小合适的胶塞塞住试管，等待固体粉末冷却至室温。

　　3. 将试管取下，在较暗的环境中竖立试管，打开塞子，然后迅速倒置试管，让里面的粉末落入下方的铁盘中。操作得当的话，你会看到明亮的火星，那便是铁粉燃烧造成的。

【原理】

　　在实验过程中，试管内会按照下列方程式同时发生几种反应：

$$FeC_2O_4 \xrightarrow{加热} FeO + CO\uparrow + CO_2\uparrow$$
$$FeC_2O_4 \xrightarrow{加热} Fe + 2CO_2\uparrow$$
$$FeO + CO \xrightarrow{加热} Fe + CO_2$$

　　由方程式可见，这个过程会生成包括铁单质在内的一系列物质。这样还原出的铁粉极其细腻，比试剂所用的还原铁粉细得多，以至于它在遇到空气的时候会直接氧化发生燃烧，这便是在实验的最后阶段铁粉发生自燃的原因：

$$3Fe + 2O_2 \xrightarrow{自燃} Fe_3O_4$$

　　此外，之所以要在撤掉酒精灯冷却之前用塞子塞住试管，是为了留住反应中生成的一氧化碳。一氧化碳是一种还原性气体，它可以保护铁粉在自燃之前不被氧化。不然的话，这些极细的铁粉岂不在加热时生成的水和从外界进入的氧气的作用下遵从上一个实验的方程式直接生锈了吗？

　　本实验中火星掉落的瞬间的图像很难拍摄，因此在这里我们让掉落的火星引燃了滤纸，从侧面反映铁粉自燃的效果。

累积热量

上一个实验为我们提供了一个很好的思路，对于这些需要点燃或者加热才能引发的反应来说，假如能通过累积热量的方式开启它，那么也不失为一种独特的"点火"方式啊！在此，我们来介绍一种新的物质——过氧化钠。过氧化钠是钠的过氧化物，化学式为 Na_2O_2，它是钠最常见的燃烧产物，由于具有某些杂质，通常呈淡黄色。过氧化钠是一种强氧化剂，它在氧化其他物质的时候常常会放出大量的热，还极易释放出氧气。这些特点对于我们这一部分的内容来说简直再合适不过了。

实验
吹气生火

【试剂】

过氧化钠、棉花。

【器材】

用于吹气的长导管。

【步骤】

1. 扯下一团棉花，将其放置于耐热铁盘中，然后在棉花中央放上约两药匙的过氧化钠，用棉花将其小心地包裹起来（之所以进行包裹是因为下一步吹气的时候可能会把粉末吹得到处都是）。

2. 在较为空旷的地方，将长导管的一端对准棉花包裹的过氧化钠，然后通过长导管向过氧化钠吹一口长长的气。过一会儿就会看到棉花燃烧了起来。该实验在前几次可能会失败，将吹气速度控制在不吹飞粉末时的最大值，多做几次，掌握诀窍以后就好了。

【原理】

过氧化钠与二氧化碳反应，生成碳酸钠和氧气，同时放热。在这种条件下，棉花满足了发生燃烧所需的所有要素，因此直接燃烧了起来。

$$2Na_2O_2 + 2CO_2 === 2Na_2CO_3 + O_2$$

警告

过氧化钠具有刺激性与腐蚀性，在使用时一定要避免直接与其接触。如不慎发生接触，请立即用大量的水进行冲洗并视情况就医。在本实验中，吹出的气会在玻璃管壁上冷凝成小水滴，而过氧化钠会在接触水之后的 1s 内引燃棉花，因此要格外小心。

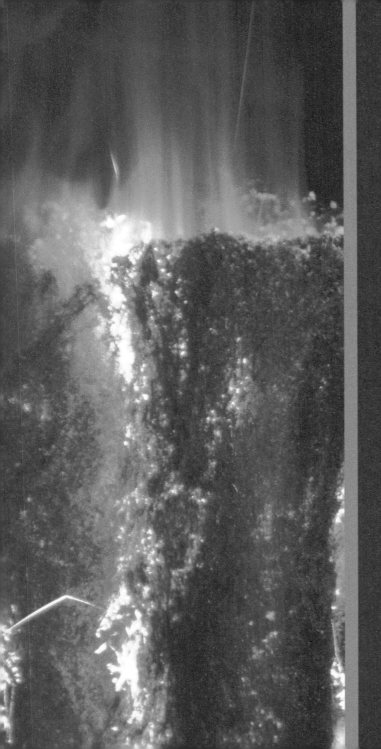

实验
自燃的钢丝绒

【试剂】
　　过氧化钠、钢丝绒。

【步骤】
　　1. 将钢丝绒置于耐热铁盘中，然后在其上面撒上两药匙过氧化钠。
　　2. 在较为空旷的地方，用一支长滴管在钢丝绒上滴加少量的水，然后迅速撤离，可见钢丝绒迅速燃烧了起来。

【原理】
　　过氧化钠与水发生反应，生成氢氧化钠和氧气，同时放热。在这种条件下，钢丝绒发生燃烧所需的所有要素都已具备，因此直接燃烧了起来。

$$2Na_2O_2 + 2H_2O === 4NaOH + O_2\uparrow$$

警　告

　　过氧化钠具有刺激性与腐蚀性，在使用时一定要避免直接与其接触。如不慎发生接触，请立即用大量的水进行冲洗并视情况就医。

本实验的难度比上个实验更大，因为需要精确控制水的量，使过氧化钠既能为燃烧提供足够的初始热量，又不会因为水过多而丧失太多的热量。

爆燃的火焰

【试剂】　　　　　　　　　　　　【器具】
　　无水乙醇、过氧化钠。　　　　　较厚的铁制筒状容器。

【步骤】
　　在铁制容器中加入约 30g 过氧化钠，然后将装置置于较为开阔的空地上。用烧杯迅速倒入 100ml 左右的无水乙醇，然后立即撤离至 5m 远的地方。约 30s 后，反应开始发生。

【原理】
　　过氧化钠具有强氧化性，而乙醇具有还原性。在通常情况下，过氧化钠会将乙醇按照醇类化合物的标准氧化模式进行氧化，即将乙醇氧化为乙醛，再将乙醛氧化为乙酸。当然，由于氧化剂是过氧化钠，因此第二个方程式中的生成物是乙酸钠。这两个反应的方程式为：

$$Na_2O_2 + C_2H_5OH \longrightarrow CH_3CHO + 2NaOH$$
$$Na_2O_2 + CH_3CHO \longrightarrow CH_3COONa + NaOH$$

这两个方程式可联立写为：

$$2Na_2O_2 + C_2H_5OH \longrightarrow CH_3COONa + 3NaOH$$

　　反应放热，而这些热量累积起来之后就可能将可燃物点燃。因此，在接下来出现燃烧现象的时候，其中的有机物便进一步发生氧化，生成了水和二氧化碳。由于过氧化钠的存在，这两者最后也会以氢氧化钠与碳酸钠的形式存在。反应的最终方程如下：

$$6Na_2O_2 + C_2H_5OH = 6NaOH + 2Na_2CO_3 + Na_2O$$

　　值得一提的是，生成物中最后出现了氧化钠。这种物质最后会与外界的其他物质发生反应，不会出现在最终产物中，但在这个方程式所描述的反应中，它是确确实实存在的。

　　可以找一些咖啡罐，然后用一字螺丝刀和锤子去掉上面的开口，作为实验中的铁制容器使用，但是绝对不要用普通的铝制易拉罐，因为这个实验可能会造成铝制易拉罐炸裂，从而发生危险。

强强联合

　　也许你在本章的"失控的火焰"一节中就意识到了这个问题。在一般的氧化还原反应中，使用氧化性更强的氧化剂或还原性更强的还原剂，都可以让反应更容易发生，同时让反应更加剧烈。当我们同时使用较强的氧化剂和还原剂的时候，又会出现怎样的结果呢？警告！这里提到的实验的危险程度是本书中最高的，所以在没有相关专业人士监护的情况下，禁止尝试做这里的任何一个实验！

这个实验可以看作之前两个实验的进一步扩展。过氧化钠除了与二氧化碳和水发生反应之外，其强氧化性也可以让它直接和可燃物发生反应。因此，在之前两个实验的原理中除了主方程式以外，实际上也包含燃烧开始后过氧化钠直接氧化两种可燃物的方程式。因为这并不是过氧化钠在那两个实验中的重点，所以在那里没有提到。

197

实验
延迟点火

【试剂】

丙三醇、高锰酸钾。

【步骤】

在一个小铁盘中倒入 30g 高锰酸钾，将装有高锰酸钾的铁盘置于开阔的空地上，然后用小烧杯在铁盘中倒入 50ml 丙三醇并迅速撤离。约 30 秒后，紫色的火焰便开始迸射了。

【原理】

高锰酸钾具有强氧化性，可以氧化丙三醇。丙三醇属于醇类，因此在被氧化的时候类似于上个实验中乙醇的表现，因此在这里就不再重复书写第一步氧化累积热量的分步方程式了。接下来，燃烧开始。由于丙三醇在空气中并不是特别易燃，因此在这个实验中发生的反应为高锰酸钾直接氧化丙三醇：

$$4C_3H_8O_3 + 14KMnO_4 \xlongequal{\quad\quad} 7K_2CO_3 + 7Mn_2O_3 + 5CO_2 + 16H_2O\uparrow$$

其中，对于反应物中高锰酸钾的还原产物，除了本方程式中给出的三氧化二锰以外，还有一种说法是二氧化锰。对于此争议，目前尚无明确结论。

丙三醇的黏性较大，流动性差，因此在向高锰酸钾中倒丙三醇的时候不需要确保完全倒干净，只需要确保以最快的速度将大部分液体倒上去即可。此外，在做这个实验的时候尽量将高锰酸钾堆起来，确保丙三醇在倒上去之后不会完全浸没高锰酸钾。这个实验的火焰最终会产生于二者的接触面上，因此，如果让丙三醇完全盖过高锰酸钾的话，即便热量一直累积到丙三醇沸腾，也不会出现火焰。

警 告

高锰酸钾是强氧化剂，使用时应当避免直接与其接触。若不慎中招，皮肤上将出现用水洗不掉的褐色斑点，这时可用草酸溶液或维生素 C 溶液在变色的地方进行擦拭，然后用水冲洗，即可去除。如仍感不适，请迅速就医。

实验
"水"下闪光

【试剂】

浓硫酸、高锰酸钾、无水乙醇。

【步骤】

1. 取一支试管，将其固定在铁架台上，然后在试管外面套一只烧杯。

2. 在试管里倒入 8ml 浓硫酸。接着，沿着试管壁小心地缓慢倒入 10ml 无水乙醇，使浓硫酸位于乙醇下方并分层。注意，在添加完之后绝对不能摇晃试管或将二者混合。

3. 在烧杯中加入一些水，使得烧杯内的液面高于试管中的液面。烧杯在此处起到的作用是为反应降温以及在发生意外时保护实验者。

4. 在试管中加入一小药匙高锰酸钾，观察现象。

> # 警 告
>
> 该反应的危险性极高！除浓硫酸与高锰酸钾本身的危险性之外，其反应产物七氧化二锰也具有极高的氧化性，易爆炸式分解。这种物质因为不稳定的特性已经在国内外引发过数次意外伤亡事故，而且绝大多数都是由不谙世事的普通中学生引发的，因此在进行这个实验的时候，专业人士的监护与操作者的自身防护一定要慎重考虑。若不慎发生危险，请首先立即用大量的水对患部进行冲洗，必要时进行紧急淋浴，然后迅速就医！

【原理】

浓硫酸与高锰酸钾都是强氧化剂，而二者发生反应之后会生成一种更强的氧化剂七氧化二锰：

$$H_2SO_4 + 2KMnO_4 \rightleftharpoons Mn_2O_7 + K_2SO_4 + H_2O$$

七氧化二锰在遇到有机物及可燃物时会直接着火或爆炸，同时其自身也极不稳定，容易在加热过程中甚至在空气中直接发生爆炸式分解。在本实验最后阶段试管里出现的火花就来自七氧化二锰氧化乙醇的过程：

$$2Mn_2O_7 + C_2H_5OH \rightleftharpoons 4MnO_2 + 2CO_2\uparrow + 3H_2O$$

因为最开始的乙醇和浓硫酸是分开的，所以只有在两种液体的接触面上才能凑齐高锰酸钾、浓硫酸和乙醇，并让三者开始发生反应。这起到了控制反应速度与剧烈程度的作用，也是火花主要出现在两种液体接触面上的原因。

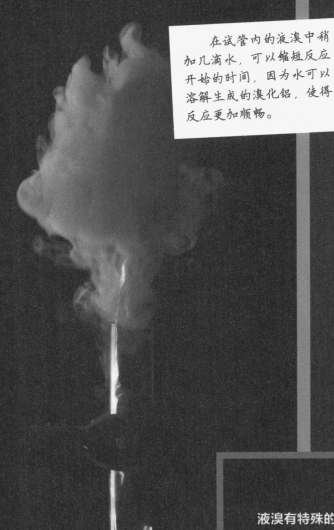

在试管内的液溴中稍加几滴水，可以缩短反应开始的时间，因为水可以溶解生成的溴化铝，使得反应更加顺畅。

实验
溴巫师

【试剂】
　　液溴、铝箔。

【步骤】
　　本实验尽量在室外通风处进行，在通风橱中进行也可以，但注意溅出的火花有可能会损坏设备。
　　1. 取一只大试管，将其固定在铁架台上，然后将铝箔卷起来塞进试管内以确定其大小。确定完毕后，将铝箔取出。
　　2. 在大试管中倒入 10ml 液溴，接着放入之前的铝箔，然后立即后退，观察现象。

【原理】
　　溴与铝发生反应，生成溴化铝：
$$2Al + 3Br_2 \xrightarrow{\quad\quad} 2AlBr_3$$

警 告

　　液溴有特殊的臭味，同时具有腐蚀性和毒性，会在常温下挥发出大量的红棕色溴蒸气，对呼吸道造成严重的刺激性损伤。此外，液溴在接触皮肤的时候会迅速腐蚀皮肤，并形成持续溃烂且很难痊愈的伤口。因此，在使用液溴的时候，一定要做好充分的防护！若发生接触，请立即用大量的水清洗伤口并迅速就医；若吸入蒸气造成呼吸困难，请迅速转移至通风处并视情况就医。

水火相容

在本节的最后一部分，我们一起来看一看这个可以打破一般常识的问题。俗话说"水火不相容"，水能够灭火，而火也能将水加热为蒸汽，正可谓二者总会一方强过另一方，从而无法共存。但是，用本章的内容重新分析这个问题的话，日常生活中水之所以能够灭火，是因为水既可以隔绝氧气又可以降温。那么，如果说能够回避这两点，是不是就能做到水火相容了呢？答案是肯定的。

火是一种源自燃烧的现象，由于燃烧是一个氧化过程，因此这个过程自然会释放大量的热。所以，我们需要考虑的仅仅是燃烧所需氧气的问题，更确切地说是氧化剂。这点在本章中"失控的火焰"一节中就有提示，就是那几种特别的混合物。既然那些粉末是自带氧化剂的可燃物，那么它们自然就具备在水下燃烧的可能性。

实 验
烟花的水下燃烧

【用品】

烟花棒、胶带、大水槽。

【步骤】

1. 将若干烟花棒头部的可点燃部分用胶带缠起来，防止被水打湿。

2. 在水槽里灌满水，然后点燃烟花棒，将其伸到水中，观察现象。

【原理】

通常来说，烟花棒可燃烧的头部是较活泼的金属粉末和氧化剂的混合物，这些按照一定比例混合好的粉末会和一些特制的胶水混合起来，然后裹在铁丝的上部。当然从化学角度说，这种自带氧化剂的可燃物在燃烧时并不需要外界氧气的辅助。因此，只要用胶带防止未燃烧的部分被水打湿（打湿会导致温度下降，从而使火焰不能持续存在），那么燃烧就会一直持续下去。这里由于没有烟花棒的具体成分，所以自然写不出方程式。

实验
碘铝梦幻

这个实验的原名叫作"滴水生烟"，但是由于我在视频《疯狂化学 1.5》中给这个实验起的名字"宛如梦幻"火了，所以"碘铝梦幻"这个名字就被大家传了起来。

此外，本实验中的铝粉可以用锌粉代替。

【试剂】

碘、铝粉。

【步骤】

1. 在一个小的铁制容器中用玻璃棒混合等体积的少量碘与铝粉，然后在混合好的粉末上面戳一个小坑，用于下一步滴水。反应物必须现用现配，因为它们放久了有自燃的可能。

2. 将上述装有反应物的容器放置于空旷场所，然后用滴管在反应物上滴几滴水，然后远离反应物观察现象（十几秒至数十秒后反应开始进行）。

【原理】

碘与铝发生反应，生成碘化铝：

$$2Al + 3I_2 \xrightarrow{\text{H}_2\text{O}} 2AlI_3$$

虽说在方程式中水位于催化剂的位置，但实际上水的作用是溶解生成的碘化铝。碘与铝在接触的时候会直接发生反应生成碘化铝，但是生成物会阻碍两者的进一步反应。水溶解了生成的碘化铝之后，二者的反应继续进行，同时放出的大量的热使反应越来越快，最终引发了整个反应。反应的核心就是中间的火焰，而生成的紫烟则来自碘的升华。

在上一个实验中，我们看到了水中的火焰。由于燃烧的要素始终都存在，因此就算在水底，火焰也没有熄灭。在这个实验中，水妥妥地成了"旁观者"。接下来，我们来让水做一回"参与者"，让它去引发一些燃烧吧。

警 告

碘具有氧化性，碘蒸气有毒，而且容易给周围的物质染色，因此本实验必须在空旷场所进行，实验参与人员须做好防护。

此处特意使用了《疯狂化学 1.5》中的原始图片。虽然该图片的画质比本书中其他专门重拍的照片稍差，但它具有一定的纪念意义。

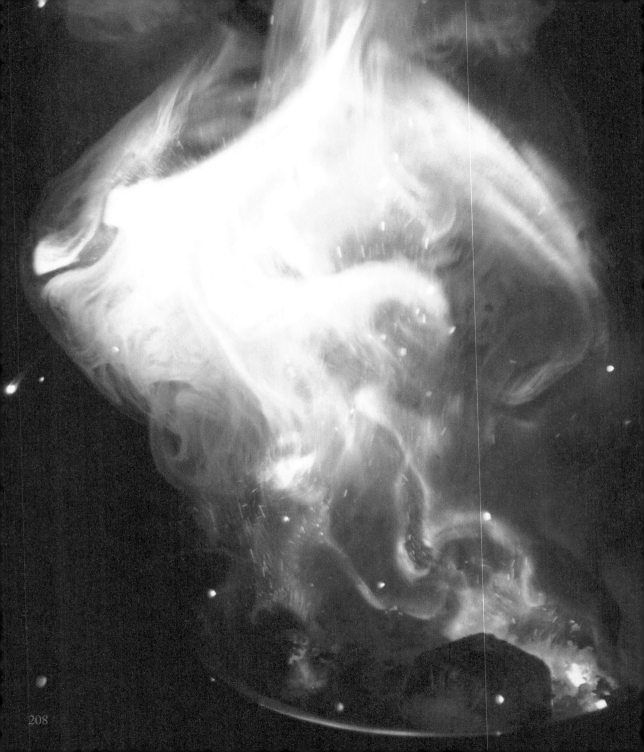

所以说在化学上水可不是个万能的灭火剂。有时水除了不能灭火之外，还有可能让火烧得更猛烈甚至爆炸呢！从上一个实验中我们就能看到，正是由于水参与了反应，火焰才最终开始出现。所以，如果在化学实验中着火的话，可千万别贸然用水灭火，说不定这会让火焰失控。

警 告

硝酸盐对撞击敏感，易发生爆炸，因此操作时要小心。

实验
用冰点火

【试剂】

　　硝酸铵、锌粉、氯化铵、冰块。

【步骤】

　　1. 称取锌粉、硝酸铵各 4g，以及氯化铵 1g，在一耐热铁制容器中将其混合均匀。这里的反应物必须现用现配，因为它们放久了有自燃的可能。

　　2. 将上述容器置于空旷场所，用坩埚钳夹取一块冰，将其置于混合粉末上，然后迅速后撤观察现象。

【原理】

　　该反应的核心是硝酸铵氧化锌粉的过程：

$$Zn + NH_4NO_3 \xrightarrow{H_2O} ZnO + N_2\uparrow + 2H_2O$$

　　其中，冰上滴落的水以及混合物中的氯化铵起催化作用。

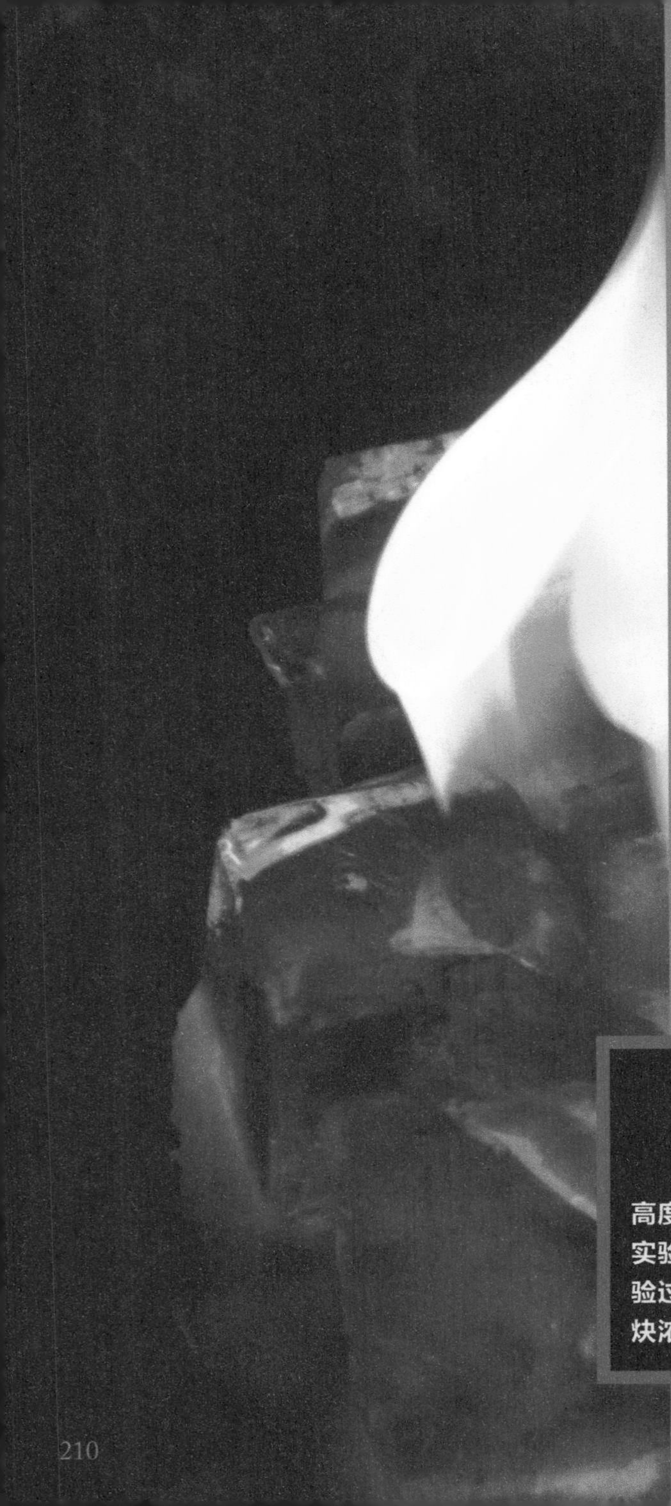

实 验
"可燃冰"

【试剂】
碳化钙、冰块。

【步骤】
在一个较大的铁盘中放入一小块碳化钙，用几块冰将碳化钙埋起来，然后对着生成的气体点火即可。

【原理】
碳化钙会与水发生反应生成乙炔，而乙炔作为一种烃可以在空气中被点燃，因此造成了这个实验中冰在燃烧的假象。

$$CaC_2 + 2H_2O \Longrightarrow C_2H_2\uparrow + Ca(OH)_2$$

警 告

碳化钙与水发生反应生成的乙炔高度易燃，同时具有爆炸的危险，因此实验中的碳化钙必须远离水放置。在实验过程中应保持空气流通，从而防止乙炔浓度过高而导致爆炸。

210

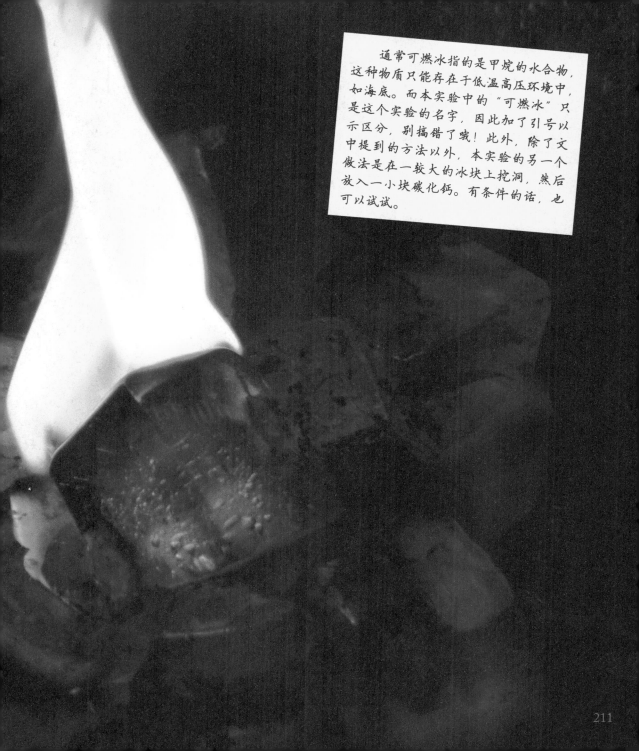

通常可燃冰指的是甲烷的水合物，这种物质只能存在于低温高压环境中，如海底。而本实验中的"可燃冰"只是这个实验的名字，因此加了引号以示区分，别搞错了哦！此外，除了文中提到的方法以外，本实验的另一个做法是在一较大的冰块上挖洞，然后放入一小块碳化钙。有条件的话，也可以试试。

电流

从雷电到静电，从直流电到交流电，电已经成为了我们日常生活中不可缺少的一部分。本章章首页图为一把高压放电枪放电过程的长曝光摄影照片，那么电与化学之间又有怎样的关系呢？

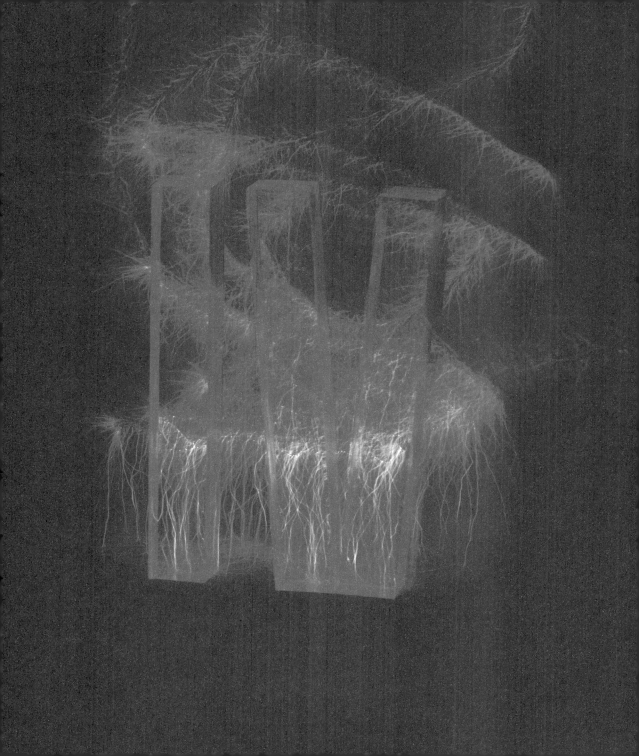

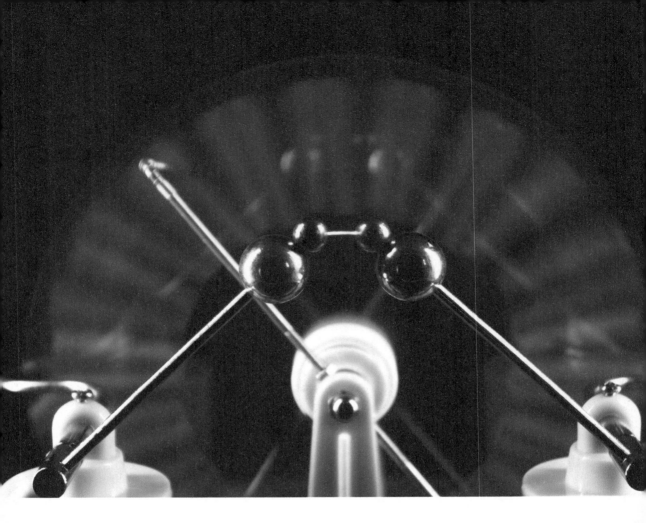

用化学产生电流

  上面这张图是手摇式感应起电机工作时的一张瞬时照片，从中可以清晰地看到两极之间放出的火花。电是一种物理现象，但不是物理中的专属内容。和火一样，雷电也是人类最早接触到的自然现象之一。甚至从某种角度上说，人类接触雷电的时间比火还要早那么一点——毕竟火一般是由雷电引起的嘛……

原电池原理

　　和现代化学一样，电学的开端也始于 17 世纪。既然要慢慢研究电，那么自然就不能靠天吃饭了，总不能天天盼着雷雨天再做研究吧。因此自那时起，从最早的摩擦起电机到能够储存电的莱顿瓶，人们找到了大量能让研究继续下去的途径。那时的人们在每次实验之前都要先通过摩擦起电机发电，然后将电存入莱顿瓶中以供后续研究使用。所谓的莱顿瓶实际上相当于我们现在的电容，因此可想而知，这种方法不仅麻烦，而且能够储存的电也不多，所以当时的研究自然而然也就受到了一定的限制。本杰明·富兰克林（Benjamin Franklin，1706—1790）甚至想到了在雷雨天放风筝，引导闪电往莱顿瓶里充电的方法。然而闪电的能量极大，富兰克林没出事完全是运气好，但很多同一时期命陨于此的科学家就没这么幸运了。

　　真正解决问题、打破这一局面的是伏打电池的出现。意大利帕维亚大学的教授亚历山德罗·伏打（Alessandro Volta，1745—1827）在研究生物电的过程中通过将实验模型逐步简化的方法，发明了伏打电池，这也是世界上的首个化学电源。伏打电池由银片（后因成本问题改为铜片）、锌片以及被盐水浸湿的布片构成，按照银—布—锌—银—布—锌的排列方式堆叠，因此伏打电池又叫伏打电堆。这样的装置能够产生电流，着实让人吃惊。由于伏打电池能够产生较强且稳定的电流，人类对电的研究直接脱离了以前的静电时代，这为日后电学的发展起到了巨大的推进作用。

伏打在发明伏打电池之后，还找到了这样一个序列：

锌、铅、锡、铁、铜、银、金

他发现这个序列里的任意两种金属在组成电池之后都是排在前面的做负极，排在后面的做正极。如果对化学有一定了解的话，你就一定会发现这个序列正是最早的金属活动性顺序表，但受限于当时的知识条件，伏打本人并没有最终弄清楚，他认为金属接触就会出现这种现象。直到后来，这是一个化学过程的事实才被揭开，由此开启了化学上的一个分支学科：电化学。

我们把类似于伏打电池这样的装置称作原电池。具体来说，原电池指的是将化学能转化为电能的装置。当原电池形成的时候，它会在工作过程中发生氧化还原反应。虽说都是氧化还原反应，但原电池中的氧化还原反应和上一章中提到的有所不同。上一章中提到的氧化还原反应在发生时，氧化剂与还原剂相互接触，二者的电子会直接发生得失或偏移。而原电池中发生氧化还原反应时，氧化与还原过程分别在不同的位置发生，这个过程中的电子是通过导线进行传递的。由于电流就是由电子的定向移动形成的，那么毫无疑问，这个过程会产生电流。这也就是原电池的工作原理了。顺带提一下，氧化还原反应并不是原电池形成的必要条件，所以对于某些特殊的原电池还要特殊考虑。

实 验
原电池

【试剂】
　　铜片、锌片、稀盐酸。

【仪器】
　　电流表、导线＋胶带（可用鳄鱼夹线代替）。

【步骤】
　　1. 取两只小烧杯，在其中倒入一定量的稀盐酸，然后分别加入铜片与锌片，观察现象。可见锌片的表面产生了大量气泡，铜片上无明显现象。
　　2. 再取一只烧杯，在其中倒入一定量的稀盐酸，然后用导线连接铜片和锌片，并将二者在互相不接触的情况下同时放入稀盐酸中，观察实验现象。可见铜片的表面也出现了气泡。
　　3. 将导线从中间剪开，分别接到电流表的两极上，观察实验现象。可见电流表上出现了示数。

【原理】
　　见正文。

电势、电势差与电负性

众所周知，水往低处流这一现象是由于重力的缘故。如果两个相邻位置的地势高度不同，那么水就会从地势较高处流向地势较低处。实际上如果把电流比作水流，把电势比作地势，电流的运动也是一样的。高地势与低地势之间存在地势差，所以水会从高地势处流向低地势处。同理，高电势与低电势之间存在电势差，所以电流会从高电势处流向低电势处。这里提到了一个词"电势"，说实话，这个物理学名词是比较抽象的，不太好理解，但电势差就相对容易理解一些了。电路中的电势差俗称电压，正因为电压的存在，电路闭合后才能产生电流。以电池为例，电池可以在电路中提供电压，所以电路闭合后会形成电流。就算电路没有闭合，你也知道电流会从电池正极流向负极，因为电压客观存在。既然电压就是电势差，也就说明电池正负两极的电势不同。正如从高地势处流向低地势处的水流一样，电流从高电势处流向低电势处。所以接下来，对着电池的两极，思考一下"电势"是什么吧。

为什么会在这里谈论电势问题呢？这是因为原电池产生电流的原因与此有关。既然电流是由电势差导致的，那么原电池中出现了电流，自然就说明原电池的两极之间存在电势差，而这个电势差则源自元素本身的性质。在此引入一个词"电负性"。电负性指的是元素吸引电子的能力，我们在判断一个元素在反应中是得电子还是失电子时，靠的就是元素的电负性。所以，当原电池的两极由不同的元素组成时，由于两者的电负性不同，吸引电子的能力也不同，因此出现了不同的电势。当氧化还原反应发生的时候，电子便"不走寻常路"，使得导线中出现了电流。正文中说到氧化还原反应不是形成原电池的必要条件，看到这里你是不是明白了呢？因为不同元素的电负性存在差异啊。

实 验
水果电池

【材料】

锌片、铜片、新鲜柠檬。

【器材】

导线＋胶带（可用鳄鱼夹线代替）、发光二极管。

【步骤】

1. 取新鲜柠檬若干，将其从中间切成两半待用。

2. 准备相同数量的铜片与锌片若干，将其剪成合适的大小备用。

3. 在每一半柠檬的果肉两端分别插入一块铜片和一块锌片，注意两者不要接触。这样，每一个插着铜片与锌片的柠檬就变成了一个水果电池，其中铜片是正极，锌片是负极。

4. 用导线将这些水果电池串联起来，注意相邻电池之间都必须是铜片连接锌片，这样才相当于各个电池间的正负极依次相连。最后将两端的导线连接到发光二极管上，即可看到发光二极管亮起来了。发光二极管是有极性的，注意别接反了。

【原理】

见正文。

原电池的构成必须有三个条件：

两极拥有不同的材质

两极被导体相连

两极之间存在电解质

　　而如果是基于化学反应而存在的原电池的话，那么这些条件中还需要一个可以自发进行的氧化还原反应。对于这类原电池来说，一般负极物质的化学性质要比正极物质的化学性质更活泼。就像前面两个实验中的反应物一样，作为负极的都是锌，而正极则是铜。两个实验中的电解质均为酸，所以这两个实验的总反应都是锌与酸的反应：

$$Zn + 2H^+ \longrightarrow Zn^{2+} + H_2\uparrow$$

　　但是别忘了，原电池中氧化反应与还原反应是分开发生的，因此在写这类方程式的时候，我们需要分别写出正、负极的电极方程式：

$$\oplus \quad 2H^+ + 2e^- \longrightarrow H_2\uparrow$$
$$\ominus \quad Zn - 2e^- \longrightarrow Zn^{2+}$$

　　这便是这个最经典的原电池实验中所蕴含的原理了。

电化学腐蚀

　　原电池将氧化还原反应分到了两极进行，从而在反应发生的时候使得连接两极的导线中出现了电流。但是这样的化学电源不只是固体－液体反应的专利，甚至连气体也可以参与进来，这便是空气电池。

实 验
铝－空气电池

【试剂】
　　铝箔、钢丝绒、稀盐酸、氯化钠。

【器材】
　　滤纸、鳄鱼夹线、灵敏电流计。

【步骤】
　　1. 配制一定量的氯化钠溶液，用于导电。
　　2. 用稀盐酸将钢丝绒表面的污渍洗净，并用水冲洗掉残留的酸。
　　3. 在铝箔和钢丝绒上分别夹上一根鳄鱼夹线，准备组装电池。
　　4. 在之前配好氯化钠溶液的烧杯中，首先放入夹着鳄鱼夹线的铝箔，然后在铝箔上放一些揉成团的滤纸，再在滤纸上放上带有鳄鱼夹线的钢丝绒。注意，铝箔和钢丝绒必须由滤纸完全隔开，不能接触。同时铝箔必须完全浸入溶液中，而钢丝绒必须保持少部分浸入溶液中而大部分在空气中的状态。这时整个装置便是铝－空气电池，可将灵敏电流计接在露出来的两根导线上测量电流。

【原理】

与铝相比，铁的活泼性较差，因此在这个实验中，铁作为正极，铝作为负极。两极的反应物分别是铝与氧气，因此该实验的电极方程式与总方程式如下：

$$\oplus \quad 3O_2 + 6H_2O + 12e^- \longrightarrow 12OH^-$$

$$\ominus \quad 4Al + 12OH^- - 12e^- \longrightarrow 2Al_2O_3 + 6H_2O$$

总反应：$4Al + 3O_2 \longrightarrow 2Al_2O_3$

空气电池的存在对于一般人来说着实很惊艳，但它所利用的原理并不高深。还记得上一章的"直接燃烧"一节中有一个快速生锈的实验吗？在那个实验中铁能够快速生锈的原因就是这个原理。铁在中性或碱性环境下生锈时会发生如下反应：

$$4Fe + 6H_2O + 3O_2 \longrightarrow 4Fe(OH)_3$$

这就相当于一个没有分离正、负极的空气电池：

$$\oplus \quad O_2 + 2H_2O + 4e^- \longrightarrow 4OH^-$$
$$\ominus \quad 2Fe - 4e^- \longrightarrow 2Fe^{2+}$$

从电极反应来看，最后的产物应该是氢氧化亚铁，但由于氢氧化亚铁会在空气中被氧化为氢氧化铁，所以铁生锈的反应产物就变成了总反应中的那个氢氧化铁。然后氢氧化铁脱水，变为三氧化二铁，这也就是铁锈的主要成分了。这种腐蚀被称作电化学腐蚀，这一分支的相关研究对我们日常的生产生活有很大的帮助。比如，我们根据这一原理设计了牺牲负极的正极保护法。海水是咸的，因此长时间和海水接触的金属物品（如船只和灯塔）就容易遭到这样的电化学腐蚀。对于这种情况，我们采取的方法就是，与之连接一块化学性质更活泼的金属（比如铝），与原有金属形成原电池，这样氧气与海水就会消耗铝，反过来保护了原来的金属。

实 验
易拉罐电池

【试剂】

氯化钠。

【材料】

铝制易拉罐、碳棒、鳄鱼夹线、灵敏电流计。

【步骤】

1. 剪掉易拉罐的顶部，然后将整个易拉罐清洗干净。可以用一点极稀的氢氧化钠溶液浸泡以去除内壁上的氧化膜，或者干脆拿砂纸打磨干净。

2. 在易拉罐中倒入氯化钠浓溶液，然后在易拉罐壁上夹一根鳄鱼夹线，鳄鱼夹线的另一头连接到灵敏电流计的负极上。

3. 另取一根鳄鱼夹线，将它的一头连接在碳棒上，另一头连接在灵敏电流计的正极上，然后将碳棒浸入溶液中。可见灵敏电流计上出现了读数。

【原理】

本实验所做的电池也是一个铝 - 空气电池，只不过这次充当正极的物质变成了石墨。石墨是一种常见的惰性电极，常常被用在各种不适合金属出现的场合。由于发生反应的依然是铝，所以这个实验的化学方程式与电极方程式同上一个实验一样。这个实验最大的意义是这些东西都很容易在日常生活中找到，所以这是本书中唯一一个我同意你在家完成的实验，毕竟对于这种有安全保障的探究过程，我还是相当支持的。

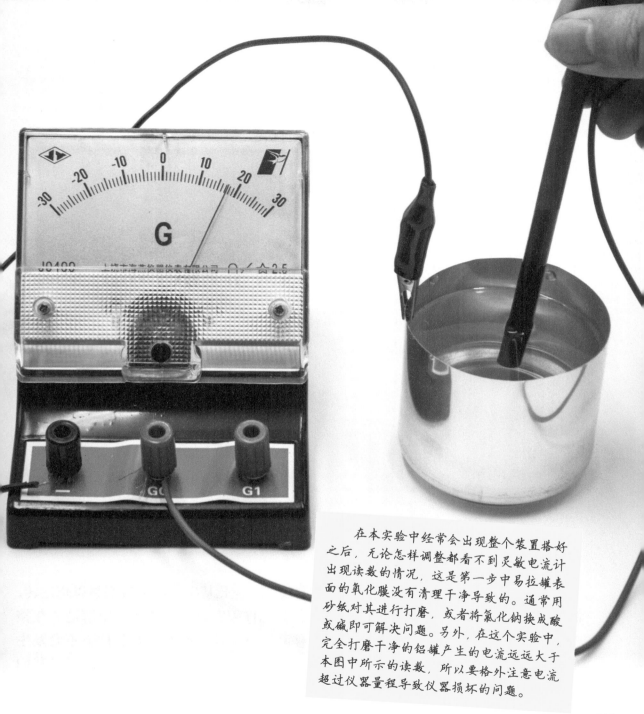

　　在本实验中经常会出现整个装置搭好之后，无论怎样调整都看不到灵敏电流计出现读数的情况，这是第一步中易拉罐表面的氧化膜没有清理干净导致的。通常用砂纸对其进行打磨，或者将氯化钠换成酸或碱即可解决问题。另外，在这个实验中，完全打磨干净的铝罐产生的电流远远大于本图中所示的读数，所以要格外注意电流超过仪器量程导致仪器损坏的问题。

用电流引发反应

　　原电池是一种将化学能转化为电能的装置，在此基础上如果我们将思路逆转，制作一种把电能转化为化学能的装置，又会怎样呢？这种装置便是电解池。在整个电解过程中，电源可以强制电子进行移动，从而让一些在一般条件下不会发生反应的物质之间发生化学反应。其中最广泛的应用除了冶炼金属以外，就是我们日常生活中的充电了。

电解

在上一节中我们提到了伏打电池，这一发明的诞生直接推动了物理学中电学的发展。但是，所谓的"原电池"原理以及伏打电池真正的工作原理，是后来人们才逐渐研究出来的。如果抛开原理直接谈作用的话，那么伏打电池从被发明的那一刻起，对当时化学界又产生了怎样的影响呢？正如本节引言中提到的，答案就是电解。

说到电解，一般人最先想到的就是电解水了。水是一种极其微弱的电解质，因为它在常温下的电离程度只有 10^{-7}mol/L。在"色彩"一章中我们介绍了一个词"水的离子积常数"，这里就可以解释一下了。25℃时，1L 水中会有 10^{-7} mol 水分子发生电离，变成 10^{-7}mol 氢离子和 10^{-7}mol 氢氧根离子，而这两个数的乘积是 10^{-14}，这就是所谓的"水的离子积"。水的离子积是一个随温度变化的常数，而通过这个数字我们就能在研究中准确测量溶液中的离子浓度和相对的酸碱性了。看到那个"−14"了吗？这就是 pH 通常介于 0~14 的原因了。回到电解水，最早的电解水实验实际上发生于伏打电池发明之前，但后来随着电学的发展，越来越多的人开始尝试进行电解水实验，这甚

电解质

电解质可以理解为"可被电解的物质"，当然这仅供理解，实际上并不是这样。电解质指的是在水溶液中或熔融状态下能够导电的化合物，根据其导电能力的强弱分为强电解质和弱电解质两种，基本上囊括了全部离子化合物和部分共价化合物（如硫酸）。

至作为一种廉价的制备氢气的方法留存了很长时间。所以，我选择了经典的电解水实验作为了本节的第一个实验。

离子的放电顺序

离子化合物可分为阴离子和阳离子两部分，而在阴离子失电子的同时阳离子得电子的现象就被称作放电。然而，在多种离子同时存在的情况下，实际上不同的离子得失电子也是存在先后顺序的。离子的放电顺序通常与离子浓度、电极材料及元素本身的性质有关，在此只讨论最后一项。对于阳离子来说，离子的放电顺序为 $Ag^+ > Hg^{2+} > Fe^{3+} > Cu^{2+} > H^+_{酸} > Pb^{2+} > Sn^{2+} > Fe^{2+} > Zn^{2+} > H^+_{水} > Al^{3+} > Mg^{2+} > Na^+ > Ca^{2+} > K^+$；对于阴离子来说，离子的放电顺序为 $S^{2-} > I^- > Br^- > Cl^- > OH^- > NO_3^- > SO_4^{2-} > F^-$。所以说有些人在电解水的时候加氯化钠后发现制备不出氧气，就是因为氯离子的放电顺序在氢氧根离子之前，在这种情况下进行电解直接造成了氯气的逸出。前面说过放电还和电极材料有关，所以用铁丝进行电解的话，还会造成阳极的氧化。

由于电解时会在两极生成不同的物质，为了区分生成物以及出于安全考虑，必须用直流电。现在再来看看网上那些用一个插头把家里的 220V 交流电直接捅进食盐水中试图电解水的事，大家也就明白这种行为有多危险了吧。

实 验
电解水

【试剂】
　　硫酸钠。

【器材】
　　电解槽、直流电源、鳄鱼夹线。

【步骤】
　　1. 将少量硫酸钠配制成溶液，用于增强溶液的导电性。
　　2. 用 20V 直流电对溶液进行电解，可见电极表面生成了大量气体。而且负极与正极生成气体的体积之比为 2：1。

【原理】
　　水在通电的条件下分解为氢气和氧气：

$$2H_2O \xrightarrow{\text{通电}} 2H_2\uparrow + O_2\uparrow$$

警 告

此处所用试剂用于增强溶液的导电性，硫酸钠仅供参考，可根据阳离子放电顺序自行挑选试剂。但无自主能力挑选时，请遵循本实验提供的内容进行实验。特别强调，禁止使用食盐（氯化钠）代替！

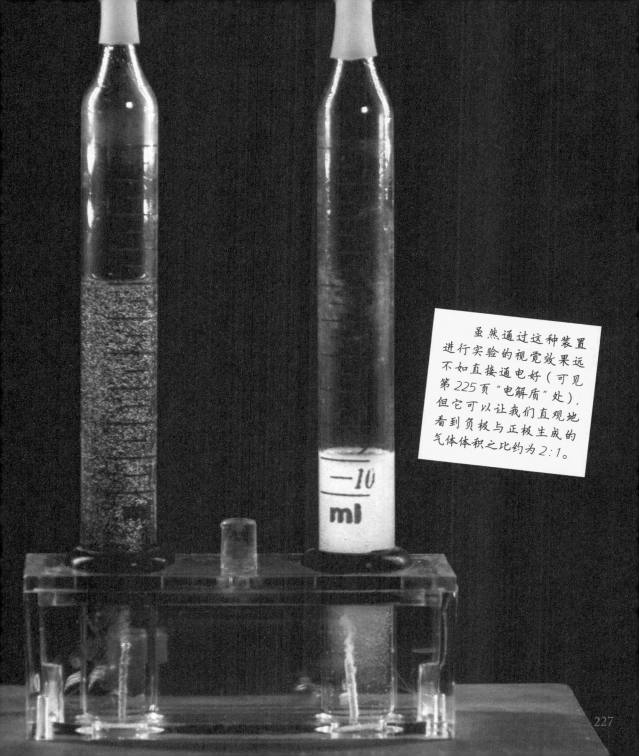

虽然通过这种装置进行实验的视觉效果远不如直接通电好（可见第225页"电解质"处），但它可以让我们直观地看到负极与正极生成的气体体积之比约为2:1。

—10 ml

实　验
氢氧爆炸

　　本实验的前半部分与电解水实验完全一致，以下内容为上一个实验的补充内容。

【附加用品】
　　导气装置（玻璃管、乳胶管等）若干、泡泡液、长柄打火机、纸杯。

【步骤】
　　电解水的步骤略。
　　1. 将泡泡液与水混合配制成稀溶液，然后在数个纸杯中各倒入 1cm 深的溶液待用。
　　2. 用导气装置将阴极气体导入泡泡液中吹起大量气泡后，撤掉导管，将气泡点燃，可以看到漂亮的橙色火焰（见左图）。
　　3. 将两极气体同时混合导入泡泡液中吹起大量气泡后，撤掉导管，将气泡点燃，就会发生爆炸（见右图）。

警　告

　　氢氧爆炸的威力非常大，本实验中的一次性纸杯可能会被直接炸毁，请做好相关防护措施。

228

　　伏打电池的发明震惊了当时的整个科学界，英国的汉弗莱·戴维（Humphry Davy，1778—1829）就是其中的一位科学家。在得知伏打电池的发明及其对于电解水的初次应用之后，戴维产生了一个想法：不只是水能被电解，其他东西也具有被电解的可能性。于是，这种想法直接导致了一大堆新元素的发现，为后来的研究开辟了新的方向，同时催生了电化学这一学科分支。

实 验
银的分形

【试剂】

　　硝酸银、稀氨水、铁丝。

【器材】

　　直流电源，鳄鱼夹线。

【步骤】

　　1. 将少量硝酸银用蒸馏水配成溶液，然后在里面滴加稀氨水，可见沉淀逐渐生成。然后随着氨水继续滴加，沉淀又会逐渐消失。当溶液中的沉淀恰好完全消失时，停止滴加。此时的溶液被称为银氨溶液。

　　2. 将银氨溶液倒入培养皿中铺开约 2mm 深的一层，然后用鳄鱼夹线将电源负极连接到培养皿壁上并接触液面，正极通过鳄鱼夹线连接铁丝，铁丝的一端恰好接触溶液液面。

　　3. 开启直流电源，将电压调至 22V 开始电解，观察现象。

在配制银氨溶液时各物质的量均取决于最开始配制溶液时硝酸银的量。再加上硝酸银比较贵，第一步量力而行之后，其他的操作按部就班去做就行。此外，有时在硝酸银溶液中滴入氨水之后并没有出现沉淀。如果排除买到假试剂的情况，可能是因为氨水的浓度太高，或硝酸银的浓度太低。也就是说，此时氨水相对于硝酸银已经处于过量状态了，因此不必惊慌，继续进行实验即可。

警 告

　　银氨溶液必须现配现用，不可久置，不然会有产生易爆物的危险！此外，硝酸银沾在皮肤上会导致黑色蛋白银斑块的产生，因此一定要做好相应的防护措施。如不慎中招，可取 1% 硫代硫酸钠抹在患处，防止反应继续发生，然后等一个月后新陈代谢自然脱皮。情况严重时，请终止实验并迅速就医。

【原理】

　　硝酸银与氨水的反应分为两步，在滴加过程中首先生成棕黑色的氧化银沉淀，而接下来沉淀消失时生成的则是氢氧化二氨合银：

$$2AgNO_3 + 2NH_3 \cdot H_2O =\!=\!=$$
$$Ag_2O\downarrow + H_2O + 2NH_4NO_3$$

$$Ag_2O + 4NH_3 \cdot H_2O =\!=\!=$$
$$2[Ag(NH_3)_2]^+OH^- + 3H_2O$$

其中，$[Ag(NH_3)_2]^+$ 被称为银氨络离子（银氨配离子），而接下来在电流作用下发生分解的就是银氨络离子了。在这个过程中最后出现的就是银单质：

$$[Ag(NH_3)_2]^+ + e^- =\!=\!= Ag\downarrow + 2NH_3\uparrow$$

　　关于这个过程中出现的分形图案，则是由银本身的金属晶体结构导致的。

实验的关键在于铁丝恰好接触液面，这样可以使生成的银在液面上生长。只要做到这一点，最初电解出的银便会沿着一种随机形成的形状生长下去，因此你会发现每次出现的分形图案都是不一样的。

　　到此为止，也许我们应该想一想为什么普普通通的电就能造成化学世界中这么巨大的变化。电的出现提供了新的研究方式，为我们带来了更多的反应，而且对于后来元素世界的完善起到了巨大的推进作用。比如氧化性最强的单质——氟气就是被法国化学家亨利·莫瓦桑（Henri Moissan, 1852—1907）通过电解方式获得的，可见这两者之间一定存在某种联系。

　　实际上，在"色彩"一章中我们就提到了原子结构。原子由整体带正电的原子核和围绕其高速运动的电子组成，而这些电子实际上就是构成各种物质的黏合剂。在不同的分子中，原子的互相连接靠的是化学键，而化学键的本质实际上就是分子中各个原子间的作用力。化学键根据不同的成键方式可以分为离子键、共价键和金属键。虽然这三者的成键方式不太一样，但在其中起到关键作用的均为电子。正是这些高速运动的小东西成就了这个世界，这便是电与化学最直接的关系。

实验室的魔法手册

Experiment Book of Chemillusionist